园林景观工程
质量通病及防治

王晓宁　董　鹏　主编

中国建筑工业出版社

图书在版编目（CIP）数据

园林景观工程质量通病及防治 / 王晓宁，董鹏主编
. -- 北京：中国建筑工业出版社，2021.10
ISBN 978-7-112-26531-2

Ⅰ. ①园… Ⅱ. ①王… ②董… Ⅲ. ①景观-园林建筑-建筑工程-质量控制 Ⅳ. ①TU986.4

中国版本图书馆 CIP 数据核字（2021）第 176658 号

本书介绍了园林景观工程施工现场中经常出现的一些质量通病以及相应的防治措施，主要内容有7章，分别是：绪论、园林景观土石方工程、园林景观地下管网工程、园林景观道路工程、园林景观电气工程、园林景观小品工程和园林绿化工程。本书针对以上方面，分别从施工前准备、现场施工、竣工验收和养护阶段提出具体的施工现场管理措施，为安全、质量、进度、成本控制提供参考。本书可为初入本行人员及现场管理者提供相关思路，帮助他们有序进行现场施工管理，从而提高工程质量。

责任编辑：万　李　石枫华
责任校对：芦欣甜

园林景观工程质量通病及防治
王晓宁　董　鹏　主编
*
中国建筑工业出版社出版、发行（北京海淀三里河路9号）
各地新华书店、建筑书店经销
北京鸿文瀚海文化传媒有限公司制版
廊坊市海涛印刷有限公司印刷
*
开本：850毫米×1168毫米　1/32　印张：5½　字数：147千字
2021年9月第一版　2021年9月第一次印刷
定价：**25.00**元
ISBN 978-7-112-26531-2
（37927）

前　言

城市园林景观建设，是科学化、现代化城市建设的核心内容，是美化城市、改善环境，实现城市可持续发展的重要途径和手段。

园林景观工程的特点是以工程技术为手段，以艺术美学理论为指导，塑造景观环境艺术形象。随着社会的发展和人们审美素养的不断提高，要求从业人员一方面要研究好如何继承传统园林工程技术的瑰宝，另一方面要积极探索现代园林景观工程学中新材料、新设备、新技术、新工艺的运用，体现园林景观工程的新时代风格和风尚。

作为一名管理者，特别是现场施工管理者要思考如何才能将工程建设得更“完美”。本书从施工现场几大阶段：施工前准备、现场施工、竣工验收和养护阶段提出具体的施工现场管理措施，为安全、质量、进度、成本控制提供参考。本书可以为初入本行人员及现场管理者提供相关思路，帮助他们有序进行现场施工管理，从而提高工程质量。

本书由王晓宁、董鹏主编，邹锐、王广玺、董宇轩、史泽宇、杨宇轩、刘民壮等参与了资料收集和文字录入、整理等工作。在本书编写过程中，参考了大量相关著作和资料，在此特别向涉及的专家、学者和工程技术人员表示最诚挚的感谢！由于编者学识和水平有限，书中不妥之处，敬请批评指正。

目　录

第 1 章

绪 论

1.1 园林景观工程

1.1.1 园林景观工程研究范围及特点

园林景观工程主要从艺术、生态、技术三个层面出发，展现园林景观建设的工程技术和造景技艺，其主要研究内容包括地形土方工程、石景工程、道路铺装工程、水景工程、给水排水工程、植栽工程及景观照明工程等。

园林景观工程是一门系统工程，以土木工程、环境工程和市政工程原理为基础，以生态理论、园林艺术理论为指导，将园林设计思想采用一定的工程技术和造景技艺展现出来。园林景观工程的主要特点在于其综合性、交叉性、艺术性和长周期性。

园林景观工程是一门涉及广泛、综合性很强的学科，规模较大的综合性园林景观工程项目往往涉及场地地形地貌的整治、景观建筑、水景、给水排水、供电、景观道路、观赏植物等诸多内容。在具体工程建设中，受到各个方面的影响，技术应用范围较广，交叉性强，要求各工种环节协同作业、多方配合，才能保证工程建设的顺利进行。

园林景观工程不仅对工程管理和技术有较高的要求，同时更是一门重视艺术审美的工程门类，具有明显的艺术性特征。具体内容涉及造型艺术、建筑艺术、绘画艺术、雕刻艺术、文学艺术等诸多艺术领域。园林景观工程不仅要按设计搞好景观设施和构筑物的建设，还要讲究园林植物配置手法、景观设施和构筑物的美观舒适以及整体景观空间的协调。此外，园林景观工程需要许多植物造景，而植物每年的病虫害防治、定期施肥浇水等养护工作具有较长周期，园林景观工程的建设不是一蹴而就的，需要持续地关注。

1.1.2 园林景观工程产生与发展

园林景观工程在我国具有悠久的历史。《尚书》中就有“为山九仞，功亏一篑”的记载，说明2500年前的先人就已经进行了人工造山的实践。秦汉时期，山水宫苑园林兴盛，建于汉武帝太初元年的建章宫，如图1-1所示，其北部就是太液池，池畔建有石雕装饰，池中建立蓬莱、方丈、瀛洲三山，这种“一池三山”的布局对后世园林有着深远影响，并成为创作池山的一种形式。保留至今的北海、颐和园等园林都遵循了这种布局。

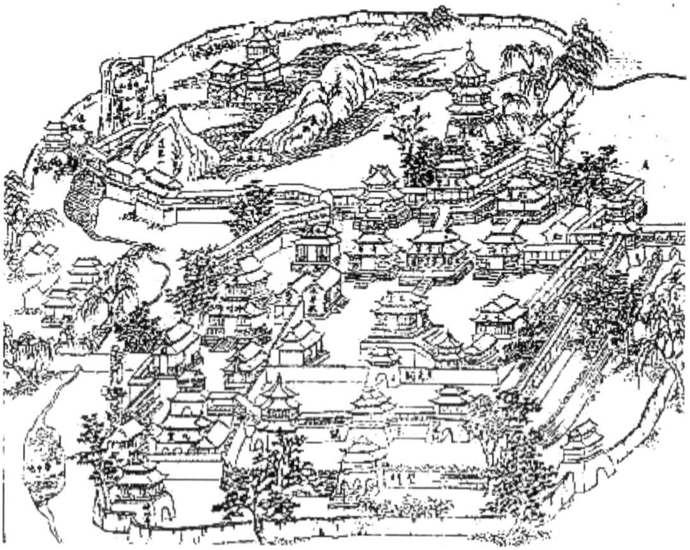

图1-1 汉代建章宫（图中左上为太液池）

宋代是我国造园艺术的兴盛时期。随着交通运输技术的发展，采石、运石技艺逐渐成熟，大规模的石景、假山开始广泛地出现在宋代及以后的园林建筑中。著名的“花石纲”就是宋代石景艺术发展的一个写照。

明清两朝是我国古典园林发展的鼎盛时期，列入世界遗产的九座苏州园林中有六座建成于明清两朝。明代崇祯年间《园冶》一书分相地、立基、屋宇等十篇，详细介绍了园林设计、建设的实践经验，是我国古代最完整的园林工程专著。清代造园技术在苏南、浙北地区达到巅峰，涌现出了“山子张”、戈裕良等著名造园家，留下了苏州环秀山庄、苏州退思园等一批集大成之作。

欧洲园林的发展主要始于文艺复兴后。17 世纪，欧洲各国君主纷纷大兴土木建设宫殿和花园，强调对称、突出轴线、讲究主从关系的法国古典园林成为君主展示王权的工具。法国造园家勒·诺特尔主持建设的凡尔赛宫花园（图 1-2）是欧洲规模最大、构图最繁复精美的代表作。

图 1-2　凡尔赛宫花园

18 世纪，随着浪漫主义艺术的兴盛，欧洲造园艺术审美开始倾向于强调自然的风景式花园。这一类园林发源于英国，特点是大量的人造斜坡、水池和移植树群。19 世纪，工业革命拉开了全球化的序幕，西方园林艺术中又吸收了来自非洲、美洲的异国热带植物和中式亭、塔等东方式建筑，形成了独特的风格。

1.1.3 园林景观工程质量通病概述

近年来，随着我国经济的快速发展和人民精神文化需求的不断提高，我国的园林景观行业进入蓬勃发展的阶段。但与此同时，相关各学科在我国的发展不甚完善，相关各工程领域的设计、施工和管理水平还有待提升。目前，我国园林景观设计创新性不够，使得各地园林景观工程同质化严重。同时实用性和情调性脱离，没能借助当地历史文化传统，保证风景园林、城市整体布局的和谐性。此外，我国园林景观行业从设计、施工到管理人员队伍都偏年轻化，理论知识丰厚，实际工作经验较少，缺乏经验丰富的老员工指导带领。基层人员的综合素质相对不高，员工流动性较大，导致园林景观工程的质量提升缓慢。除了设计和施工因素，工程材料也是影响园林景观工程质量的重要因素，劣质的施工材料会给园林景观工程质量带来巨大瑕疵。近些年的园林景观建设中，开发商需要在短时间内进行资金回笼，施工工期十分紧凑，导致施工质量难以保证，园林景观质量通病一直如顽疾一般，除之不去。各类工程质量问题，对社会的和谐、经济的发展和人民的人身安全都有较大的负面影响。

园林景观工程与建筑学、环境工程、市政工程等学科都有着紧密的联系，园林景观工程中存在、易发的质量通病也与建筑工程和市政工程较为相似。园林景观工程中存在的质量通病主要为建筑工程中常出现的塌方、滑坡、路基不稳定等基础性工程问题，此外，还包括照明器具缺陷、建材损坏等室内工程质量通病和绿植病害、水体污染等园林工程问题。

1.2　园林景观工程质量控制因素

为了减少质量通病的发生，在园林景观工程设计、施工等阶段，需要着重关注以下控制要点。

1.2.1　设计控制

（1）设计阶段

在施工前，一般需要请设计人员对图纸进行交底工作，主要目的是向施工方技术人员传递设计思想信息，以便让施工班子更好地理解设计意图，在实际操作中充分展现设计所表达的意境。从原则上讲，在建筑工程和市政工程项目中，设计图纸只有在不符合规范或存在严重缺陷等情况下才需要在施工阶段重新审核修改，但在园林景观工程建设中，设计者往往无法对现场进行详尽勘察，从业人员也相对年轻化，设计方案往往存在一些不明确、不合理之处或与现场情况不相符之处。因此，设计交底前，设计方和施工方应详细检查图纸，结合现场情况对图纸中明显的设计缺陷进行修正。对于重要的交底内容，施工管理人员应详细记录，将其作为今后向班组人员技术交底的基本资料。特别是对小品节点处理、材料选择、园路地形标高的关系处理、水景防水材料选择及绿植配置的效果及合理性进行分析，分项列出问题清单交给设计人员。在交底完成后，设计人员按照问题清单进行图纸答疑。通过答疑，能进一步促进设计与施工的协调沟通，为提升工程实施效果打好基础。

（2）施工阶段

在施工过程中，双方也需要保持密切的沟通，保证设计意图的体现和工程的因地制宜。施工方在施工过程中遇到材料采购困难、绿植品种不符合规格、设计地形与现场冲突等情况时，一般由施工方根据景观需要提出几个备选方案，经监理单位审核后由设计方确定。变更内容应满足比原设计更具可操作性、材料供应更有保证、造价更适宜等要求。在园林景观工程中，业主、设计方和施工方的密切合作可以最大限度地避免质量通病的出现。

1.2.2 施工控制

（1）熟悉项目状况

施工方在正式开工前需要对工程概况进行系统了解。具体包括以下内容：

1）掌握全部工程的范围，单项工程的数量、规格和质量要求，以及相应的园林设施及附属工程任务。

2）掌握工程投标报价，以便于编制施工预算计划。

3）向有关部门了解地上物处理要求。

4）了解施工现场及附近的地下管线分布，设计单位与管线管理部门的配合情况。

5）了解施工现场及附近的水准点，以及测量平面位置的导线点，以便作为定点放线的依据，如不具备上述条件，则需和设计单位协商，确定一些永久性的构筑物，作为定点放线的依据。

6）了解各项工程材料来源渠道，其中主要是铺装材料、木材、喷头、园林灯具及苗木的采购地点、时间及数量和质量要求。

7）了解施工需要的车辆和机械设备等，并做好准备工作。

（2）现场踏勘

施工方需要在施工开始前对施工现场进行踏勘，了解施工现场的位置、现状以及各种影响施工的条件和因素。具体包括：

1）了解岩石、土壤性质，确定是否需要换土，并设计土壤改良方案。

2）了解施工场地能否通行车辆和工程机械，需要时根据现场条件布置临时道路以满足施工需要。

3）了解施工现场水源、供水条件，确定灌溉和水景用水的供水和下水方法。

4）了解电力供给条件，设计工程供电方案。

5）了解施工场地及附近的建筑物、树木、农田等地上物情况，明确地上物处理方法，办理树木砍伐、移栽或保护的程序。

6）根据场地实际情况安排办公、宿舍、料场等生产生活设施。

（3）施工组织设计

施工组织设计是工程开工前由施工单位制订的，组织该工程的施工方案。合理的施工组织设计需要合理地衔接各个项目，以最短的时间、最少的人力和材料完成工程。施工组织设计的主要内容包括：

1）确定工程各部门的职能人员，包括生产、技术负责人，劳动力安排、采购供应、成本控制、安全质量检验人员等。

2）确定施工程序并安排进度计划。理想的施工顺序是先地下后地上，前后工程项目互相不影响。

3）安排劳动计划。根据工程任务量和劳动定额为每道工序安排劳动力和时间，确定劳动力来源和组织形式。

4）安排材料供应计划。根据工程需要安排土建材料和绿植供应，包括数量、规格型号、进场时间等。

5）安排机械使用计划。根据过程需要安排工程机械的类型、数量、进退场时间等。

6）制订技术措施。综合工程的任务要求、施工现场情况、施工期气候情况等，制订具体的工程进度保证、质量保证、安全保证等保证措施。

7）绘制施工现场布置图。除工程设计内容外，图上一般应标明施工阶段的临时性测量基点、工棚、绿植临时种植地点、施工道路等。必要时需要分别绘制不同施工阶段的平面图。

8）编制资金使用和成本控制计划。以工程报价为依据，结合工程实际情况、质量要求和劳动力、工程材料市场价格，编制合理的资金使用和成本控制计划。

9）安排绿植养护计划。根据施工现场土质、供水等条件和施工时间安排合理的苗木分配、养护工作。

（4）施工准备

开工之前需要对施工场地上的障碍物进行清理，对施工现场内的市政设施及房屋等进行拆除和迁移，然后按设计图纸整理地形。此外，施工场地需要与四周的道路、广场合理地衔接，并保持排水的畅通。如果使用机械整理地形，还必须事先了解是否有地下电缆或给水排水管线，以免发生事故。

（5）施工过程控制要点

施工过程中的质量控制是施工阶段质量控制的中心环节。

1）工序质量检查。做好施工放样、方格网的检查与复核，预制件的尺寸检查与复核，以及砖石砌体质量，苗木运输、栽种、养护管理，园林道路路基路面质量，假山和小品工程基础、主体等各项工序的检查。

2）材料检查。进场材料需要检查出厂合格证，砂浆、混凝土等应制作试块并按期试压，钢材、水泥及防水、绝缘材料等也需要按相关规定取样检查；栽培用土、植物材料等也需要进行检查。

3）测量、计量器具校正。各类测量、计量器具必须在每次使用前按规定进行检验校正。

4）操作质量检查。施工员、质量员和施工队班组长应该加强过程控制，对质量异常、隐蔽工程不经验收、擅自变更设计图纸、擅自使用不合格材料等不规范施工行为必须制止并按规定进行处理。对完工部分应该采取适当的保护措施，避免后续施工破坏成品。

5）质量文件档案整理。工程中与质量相关的技术文件应该编目建档，以便追溯质量保证期内发生的质量问题。

6）竣工验收检查。工程项目竣工验收一般分为施工方事先组织的自检和由施工单位、设计单位、监理单位和业主共同进行的正式验收。验收的主要内容包括：检查工程质量是否符合国家和地方的相关标准，工程完成情况是否与设计方案相符、是否满足使用要求。

1.3　常见的园林景观工程质量通病

园林景观工程主要包括：土石方工程、地下管网工程、道路工程、电气工程、小品工程、绿化工程以及建设后的养护工程。在各施工阶段需要注意可能会产生的工程质量问题、影响安全和使用功能及外观质量的缺陷，认识常见工程质量问题对设计和施工控制具有重要的意义。

1.3.1　土石方工程常见的质量通病

土石方工程是采用人工、机械或者爆破等方法对土石方进行必要的挖、运、填及配套的清理、平整、压实等工作内容的工程。土石方工程属于项目的初期阶段，虽然工程造价一般占整个项目造价比例不高，但土石方工程是项目其他分项分部工程正常开展的基础，土石方工程质量控制的好坏关系着整个项目的进展情况。控制好土石方工程的质量，能给项目形成一个良好的开端。在园林景观工程中，基坑边坡开挖和土方回填是两个非常重要的节点工序，受限于种种原因，这两个工序也常常伴随着不少常见的质量通病。基坑边坡开挖常见有挖方边坡塌方、边坡超挖、边坡滑坡、基坑（槽）泡水、基土扰动等质量通病。土方回填夯实常见有填方基底处理不当、基层回填土方质量不符合要求、回填土方局部或者大面积沉降、回填土方出现橡皮土（俗称弹簧土）、回填土渗漏水引起地基下沉等质量通病。

1.3.2 地下管网工程常见的质量通病

2014 年 6 月，国务院办公厅印发《关于加强城市地下管线建设管理的指导意见》，意见指出城市地下管线是指城市范围内供水、排水、燃气、热力、电力、通信、广播电视、工业等管线及其附属设施，是保障城市运行的重要基础设施和“生命线”。城市园林景观工程所涉及的给水工程和排水工程及污水处理工程施工技术要点较多，质量问题也较多。给水工程和排水工程出现质量通病的主要类型有施工技术类问题、材料匹配问题、验收和试验检测问题等。常见的具体质量通病有管道施工不规范或未达到施工规范要求，管材质量不合格，检查井变形、下沉构配件质量差等问题，管道试验检验不合格等。

污水处理工程常见有室内雨水管接入生活污水管道、可能产生有毒气体的合流排水管道或生产排水管道未加水封，排水管埋设深度不够，生活给水与排水冲突，污水透气管出屋顶的高度过低或透气罩不牢固，排水管道不做通水试验，排水管道通水试验后没有进行通球试验，蹲便器排污口与排水管地面甩口连接不好等问题。

1.3.3 道路工程常见的质量通病

园林景观工程中涉及的道路工程主要是指路基路面工程以及沿线工程和附属设施。按照道路工程施工顺序，一般可将道路工程涉及的质量通病分为路基质量问题、路面质量问题、排水质量问题。由于路基在道路工程最底层，对道路质量影响较大。常见的道路工程质量问题主要与施工技术和道路材料有关。常见的路基质量通病有路基沉陷、翻浆、弹软现象。沥青、水泥混凝土等路面基层的质量通病常见的有裂缝、翻浆。我国道路工程排水措施主要分为地面排水、地下排水和路面排水三种。地面排水一般采用修建边沟、截水渠道、地表排水通道以及急流通道；路面排水主要任务是把路面的降雨快速分流到排水设施中；地下排水采用盲沟、渗井、渗沟以及暗沟等形式进行排水，但在实际施工中，排水问题较为严重，使得路面积水不断侵蚀路基，从而影响了市政道路工程整体的施工质量。

1.3.4 电气工程常见的质量通病

在园林景观工程项目中，电气工程包含的内容主要有：管线的接地、埋设以及进行各类设备的安装，为建筑设置避雷针，进行现场的通电试验等。电气工程施工需要各个部门共同参与，例如，土建部门负责管线预留和埋设，这是电气工程前期的主体阶段。预留预埋阶段普遍存在的质量通病就是漏留孔洞、漏埋套管或者预留预埋位置不准确，使得安装时只好去凿墙钻洞，不但劳民伤财，还会影响使用功能甚至破坏结构，留下不少质量隐患。根据《建筑电气工程施工质量验收规范》GB 50303—2015，常见有电气设备腐蚀，电气线路安全隐患，各种焊接接口不符合要求，未安装外接保护，配电箱安装不规范，配线混乱，配电箱箱体接地不规范，开关盒和面板的安装、接线不符合要求，电缆、母线安装不符合要求，室内外电缆沟构筑物和电缆管敷设不符合要求，各种灯具的安装不符合要求，消防、智能系统的探头安装不符合要求等问题。

1.3.5 小品工程常见的质量通病

园林景观工程中，园林小品是重要的组成部分。它既要满足建筑的使用功能要求，又要满足园林景观的造景要求，并与园林环境密切结合，与自然融为一体，是用来点缀园林空间和增添园林景致的小型设施，包括花池、水景、喷泉、小区文化宣传墙、假山、雕塑等设计造型，小卖部、餐馆、卫生间、凉亭等服务性建筑，导向板、展览牌、路灯、栏杆等功用性设备，大门、办公室、实验室等公共管理设施。景观小品的设计不仅仅充分考虑其功用性，还要考虑园林的整体环境。因此景观小品的质量如果有了缺陷，会使得园林整体形象大打折扣。常见的园林景观小品项目质量通病有假山山体沉降、裂缝，塑山山体面层裂缝、脱落，堆叠土山或土丘的土体开裂、滑移现象，河和湖泊常会发生水体污染、富营养化的问题，喷泉喷射流量不稳定，驳岸常见通病有岸线偏位、倾倒、渗水等。园林景观小品项目表面常见有木结构开裂、变形、起翘等，混凝土构件断面尺寸偏差，发生蜂窝、麻面、露骨、孔洞。板筋网片斜扭，石材锈斑，石砌体砂浆不饱满，墙面和饰面常见质量通病有渗水、龟裂、倾倒和构筑石材质量问题，屋面地面会产生起鼓、空鼓、渗水问题，这些质量通病严重影响了小品工程艺术性的表达。

1.3.6 绿化工程常见的质量通病

园林景观工程中，绿化工程常被称为园林种植工程，就是按照设计要求种树、栽花、植草并使其成活，发挥设计所要达到的人文效果。根据通用的施工方法，绿化工程往往是园林工程建设的最后完成阶段。绿化工程也是园林景观工程中的一项重要内容，绿化工程除了与小品工程等一道完成某项艺术效果外，还体现着生态效益和环境效益。我国园林绿化工程已经取得了长足的进步，但是受限于设计理念和水平、施工队伍素质参差不齐、养护方法和管理水平等原因，在实际过程中仍有许多的质量通病。常见的绿化工程质量通病有：苗木种植土不符合要求，种植放样走样，灌木种植稀疏，苗木选择时规格没有严格控制，绿化种植与土建、机电交叉施工，种植的苗木歪斜，种植土板结、积水，种植区域局部下沉或滑移、开裂，坡地表土冲刷流失，污染路面、水系。

植物栽植时整株植物叶片萎蔫，树木在抽枝展叶后，枝叶又萎缩甚至死亡，树木种植后不久出现倾斜，树木伤口腐烂、枝条枯死，苗木烂根死亡，苗木冻伤，种植的苗木树皮开裂，影响观赏性，灌木、草坪斑脱状死亡，苗木部分死亡，形成半边树或半截树。草坪工程草坪中杂草多，草坪表面不平整，雨后有积水，草坪的黄化现象，草坪局部积水腐烂。

施工管理中，重苗木形状、轻种植施工规范，施工管理人员对绿化设计图纸的不足不能及时发现，重施工管理、轻资料管理，重进度控制、轻程序控制，重成活、轻树形，重种植、轻养护，重结果、轻过程，重苗木规格、轻整体效果。

1.3.7　养护工程常见的质量通病

园林景观工程的养护管理包括对景观工程中各个景观要素的养护，如园路、小品工程等。类似于道路路堤，园路的基本类型按照园路的横断面形式可分为路堑型、路堤型、特殊型即步石、汀步、磴道、攀梯等。在园路的不断使用过程中，由于人为和环境等原因对园路造成不同的损害，带来的病害主要有：园路凹陷、裂缝、啃边、沙害、翻浆、水害、雪害、冰害等。植物成活后，由于环境和人为影响，常伴发的病害主要有：景观植物的叶片类常见病，例如：黑斑病、菊花缺硼症等；根茎及果实类常见病，例如：幼苗猝倒病和立枯病、柑橘溃疡病等；树木类常见病，例如：油松立枯病等；病虫害，例如：小透翅蛾、梨网蝽。

园林养护工程在园林绿化工程中单独提出来，更加显示其重要性。“三分种，七分养”，对园林绿化进行及时有效的养护，从而发挥园林绿化改善环境的基本作用；另外，摒弃传统只注重园林绿化整体效果的观念，大胆实行一体化管理，提高园林绿化管理的关注度。在园林绿化养护管理中不应只将目光或注意力集中在表面现象上，而应进行更加深层次的关注和挖掘，以此来及时掌握土壤硬化、土壤流失等情况，从而避免因上述情况而引发的更加严重问题的产生。园林绿化养护管理中，在对园林绿化进行简单的灌溉、修剪、施肥的基础上，还应对其进行及时的除草、松土和培土等方面的养护管理，这样才能为生态园林创造更好的生存条件，以此来确保绿化植被更好的生长，从而实现绿化园林养护管理工作的升华，使园林绿化养护管理工作由表及里、由浅入深，更加深入、科学、合理和规范。

1.4 园林景观工程质量通病及防治国内外发展趋势

园林景观行业更多的是进行科学与艺术的创造，其过程与各方面、各环节密不可分。园林景观的营造要综合考虑多种元素，这些元素往往形态各异，纯粹的设计图纸很难完整表达设计意图及设计效果。设计与施工紧密结合，可以根据施工现场的实际情况对设计进行及时的深化与调整，使设计意图在景观效果中充分表达，创造出高品质的园林景观。园林景观工程某一分项工程质量通病可能不影响工程整体安全性，但是往往会严重地影响景观效果和游客的使用体验，某种程度上具有更大的危害性。据相关研究，约80%的工程建设通病都是由施工阶段的不合理、不合规操作造成的，施工设计人员的水平、监管的强度等都直接关系到园林景观工程质量通病的发生。针对这一现状，如何提升设计、施工等各阶段的标准化、精细化管理成为园林景观工程质量通病防治中备受关注的问题。

1.4.1 设计质量问题

设计方面的质量通病往往是设计图纸在现场施工过程中无法有效开展导致的施工质量不足，或者无法施工致使施工方应付交差造成的质量问题。为了减少这种问题，设计单位应该加强土建、绿化、给水排水、电气等多方面设计的协调，并尽可能提高对设计场地的认知。近年来，BIM在园林景观工程设计行业中的引入和推广，为各设计部门之间的协调提供了有效的解决方案。

当设计缺陷发生时，建设单位和监理单位应该及时协调，与设计单位重新审核图纸，论证施工可行性，并在必要时尽快进行修改。即便通过多方面论证认为图纸可以实现有效的施工，且后期工程通病出现可能较小，建设方也应该邀请技术人才进行进一步的施工论证，确保施工活动能完全在设计图纸的要求和原则内开展。

1.4.2　施工质量问题

施工阶段是园林景观工程质量通病出现的重灾区，绝大多数质量通病的根源都是不符合设计要求、不符合操作规程的施工活动。针对施工过程中可能出现的导致工程质量通病的隐患，施工单位应该以预防为主，后期治理为辅，强化施工阶段的预防管理。

园林景观工程具有较强的艺术性、装饰性，对施工中的各方面精度要求高于一般土木、市政工程。为此，更高精度的测量器具、定位装备、施工机械等的进一步发展都有助于减少工程质量通病的发生。

园林中的绿植往往需要从施工现场外移植，移植、育苗过程中苗木受到的不良影响很可能会影响园林景观工程最终的绿植效果。目前，该过程中的苗木成活率尚有待提升，如何安全、高效地完成绿化施工也是当下的发展重点。

1.4.3　材料质量问题

工程建设过程中，原材料的质量高低直接影响工程成品质量。园林景观工程的服务环境较一般建筑工程项目更为复杂，市场上现有的建筑材料往往难以满足园林工程施工当中的部分特别需求。目前，既满足使用要求、又保证设计景观效果的新型建筑材料，如透水混凝土、彩色沥青等正在成为建筑材料研究的热点。

绿植品种的选取一般应遵循因地制宜的原则。但随着经济的发展和人民精神文化需求的提升，北方地区对热带景观植物的需求在逐年提高。提高景观植物对气候、土壤的适应性，保证绿植在与原产地差异较大环境中的成活率是当前市场的一项需求。

第 2 章

园林景观土石方工程

土石方工程是建筑工程施工的主要工程之一。它包括土石方的开挖、运输、填筑、平整与压实等主要施工过程，以及场地清理、测量放线、排水、降水、土壁支护等准备工作和辅助工作。园林景观工程中，最常见的土石方工程有：场地平整、路基开挖、人防工程开挖、地坪填土、路基填筑以及基坑回填等。园林景观工程中土石方工程占有相当重要的地位，土石方工程是园林景观的基础，也是造园的必要条件。认识土石方工程中存在的各类质量通病，并采用合理的措施来避免问题的发生，可以最大程度减少损失、提高效果。

2.1 基坑边坡开挖

基坑是指在基础设计位置按基底标高和基础平面尺寸所开挖的土坑。开挖前应根据地质水文资料，结合现场附近建筑物情况，决定开挖方案，并做好防水排水工作。开挖不深者可用放边坡的办法，使土坡稳定，其坡度大小按有关施工规定确定。开挖较深及邻近有建筑物者，可用基坑壁支护方法、喷射混凝土护壁方法、地下连续墙和柱列式钻孔灌注桩连锁（适用于大型基坑）等方法，防止外侧土层坍入；对附近建筑无影响者，可用井点法降低地下水位，采用放坡明挖；在寒冷地区可采用天然冷气冻结法开挖等。

2.1.1 挖方边坡塌方

（1）现象

在场地平整过程中或者平整后，挖方边坡土方局部或者大面积发生塌方，如图 2-1 所示。

图 2-1 土方塌方

（2）原因分析

1）采用机械平整，未按照由上而下分层开挖的顺序，而是切割坡脚开挖，使边坡失衡，造成塌方和滑坡现象。

2）由于地表水或者地下水的作用，使坡脚受到破坏，坡体失衡而发生塌方。

3）在软土地段，由于边坡顶部大量堆土或堆积建筑材料或行驶车辆、施工机械设备的振动等，造成坡体失衡而发生塌方。

（3）防治措施

1）在边坡地段开挖边坡时应遵循由上而下、分层开挖的顺序，合理放坡，同时避免切割坡脚，以免导致坡脚失稳而造成塌方。

2）在有地表滞水或地下水作用的地段，应做好降、排水措施，拦截地表滞水或者地下水，避免冲刷坡面或掏空坡脚，防止坡体失衡而造成塌方。

3）在施工中避免在坡顶大量堆土和堆放建筑材料，并避免行驶车辆和施工机械设备的振动。

4）对临时性边坡塌方，可将塌方清除，将坡顶线后移、坡度减缓或者设置边坡防护网，如图 2-2（a）所示；对永久性边坡局部塌方，可将塌方松土清除后，用块石填砌或由上而下分层回填 3∶7 灰土，与土坡面接触部位做成台阶式搭接，并使连接处结合紧密，如图 2-2（b）所示。

(a)

(b)

图 2-2　边坡防护

（a）边坡防护网；（b）块石填砌，台阶式搭接

2.1.2　边坡超挖

（1）现象

边坡面界面不平，出现较大凹陷，造成积水，使边坡坡度加大，影响边坡稳定。

（2）原因分析

1）采用机械开挖，操作控制不严，局部多挖。

2）边坡上存在松软土层，受外界因素影响自行滑塌，造成坡面凹洼不平。

3）测量放线错误。

（3）防治措施

1）机械开挖应预留 0.3m 厚采用人工修坡。

2）对松软土层避免各种外界机械车辆等的振动，采取适当保护措施。

3）加强测量复测，进行严格定位，在坡顶边角设置明显标志和标线，并设专人检查。

4）如超挖范围较大，在征得设计同意后，可适当改动坡顶线。

5）如局部超挖，可用浆砌块石或改用 3∶7 灰土夯补，与原土坡接触部位应做成台阶的接槎，防止滑动。

2.1.3　边坡滑坡

（1）现象

在斜坡地段，土体或岩体受到水（地表水、地下水）、人的活动或地震作用等因素的影响，边坡的大量土或岩体在重力作用下，沿着一定的软弱结构面（带）整体向下滑动，造成线路摧毁，建筑物产生裂缝、倾斜、滑移，甚至倒塌等现象，危害性往往十分严重。

（2）原因分析

1）施工方法不当：施工单位开挖边坡坡度不够，倾角过大，土体因自重及地表水（或地下水）浸入，剪切应力增加，黏聚力减弱，使土体失稳而滑动；在坡体上不适当地堆土或填方，或设置土工构筑物（如路堤、土坝），增加了坡体自重，使重心改变，在外力或地表、地下水作用下，使坡体失去平衡而产生滑动。

2）地质原因：土层下有倾斜度较大的岩层，在填土、堆置材料荷重和地表、地下水作用下，增加了滑坡面上的负担，降低了土与土、土体与岩石面之间的抗剪强度而引起土体顺岩面滑动；岩（土）体本身又倾向相近、层理发达、风化破碎严重的软弱夹层或裂隙（断层）面，内部夹有软泥，或岩层中夹有易滑动的岩层（如云母、滑石等），受水浸后，由于水及外力作用，而使上部岩体沿软弱结构发生滑动。

3）环境因素：由于雨水冲刷或潜蚀斜坡坡脚，或坡体地下水位剧烈升降，增大水力坡度，使土体和自重增加，抗剪强度降低，破坏斜坡平衡而导致边坡滑动；现场爆破或车辆振动影响，产生不同频率的振荡，使岩、土体内摩擦力降低，抗剪强度减小而使岩、土体滑动。

（3）防治措施

1）加强地质勘察和调查研究，注意地形、地貌、地质构造（如岩、土性质、岩层生成情况、岩层倾角、裂隙节理分布等）、滑坡迹象及地表、地下水流向和分布，采取合理的施工方法，避免破坏土坡表面的排冰、泄洪设施，消除滑坡因素，保持坡体稳定。

2）保持边坡有足够的坡度，避免随意切割坡脚，土坡尽量制成较平缓的坡度，或做成阶梯形，使中间有1、2个平台以增稳。土质不同时，视情况制成2、3种坡度，一般可使坡度角小于土的内摩擦角，将不稳定的陡坡部分削去，以减轻边坡负担。在坡脚处有弃土石条件时，将土石方填至坡脚，筑挡土堆或修筑台地，并使填土的坡度不陡于原坡体的自然坡度，使其起到反压作用，以阻挡坡体滑动。

3）在滑坡体范围以外设置环形截水沟，使水不流入坡体内，在滑坡区域内修设排水系统，疏导地表、地下水，减少地表水下渗冲刷地基或将坡脚冲坏。如无条件修筑正式排水工程，则应做好现场临时泄洪排水设施，或保留原有场地自然排水系统，并进行必要的整修和加固。发现滑坡裂缝，应及时填平夯实；沟渠开裂渗水，要及时修复。

4）施工中尽量避免在坡脚处取土，在坡体上弃土或堆放材料。尽量遵循先整治后开挖的施工程序。在斜坡上挖土，应遵守由上至下分层开挖的程序，严禁先切割坡脚；在斜坡上填方时，应遵守由下往上分层压填的程序，不要集中弃土；以免破坏原边坡的自然平衡而造成滑坡。必须挖去坡脚，应设挡土结构代替原坡脚，采取分段跳槽开挖措施，并应尽量在旱季施工。

5）避免在有可能滑坡的区域进行爆破，或设置振动很大的构筑物，影响边坡的稳定。

2.1.4 基坑（槽）泡水

（1）现象

基坑（槽）开挖后，基坑（槽）内有积水，地基土被水浸泡，造成地基松软，承载力降低，地基下陷。

（2）原因分析

1）开挖基坑时未设排水沟或者挡水堤，地面水流入基坑。

2）在潜水层或地下水位线以下挖土，未采取任何降、排水措施就进行开挖。

3）在施工中受到连续降水或停电影响。

（3）防治措施

1）开挖基坑（槽）周围应设排水沟或挡水堤，防止地面水流入基坑（槽）内，挖土放坡时，坡顶和坡脚至排水沟应保持一定的距离，一般为0.5~1.0m。

2）在潜水层或地下水位线以下开挖基坑（槽）时，根据水位的高度、潜水层的厚度和涌水量，做好降、排水工作，将水位降至基底开挖面以下（一般0.5m），再进行开挖。

3）施工中应保持连续的降、排水，直至基坑（槽）回填完毕；对已被水浸泡的基坑（槽），应立即检查降、排水设施，疏通排水沟，并采取措施将水引走、排净；对已被水浸泡的土质，采取排水晾晒后夯实或抛填碎石、小块石夯实或换土（3∶7灰土）夯实。

2.1.5 基土扰动

（1）现象

基坑挖好后，地基土表层局部或大部分出现松动、浸泡等情况，基土下沉。

（2）原因分析

1）施工组织不当：基坑周围未做好排水降水措施，被雨水、地表水或地下水浸泡；基坑挖好后，未及时浇筑垫层进行下道工序施工，施工机械及车辆、操作工人在基土上行走，造成扰动。

2）养护不当：地基被长时间暴晒、失水。

3）环境因素：冬期施工，地基表层受冻胀。

（3）防治措施

1）基坑四周应做好排水降水措施，降水工作应持续到基坑回填土完毕；雨期施工时，基坑应挖好一段浇筑一段垫层，应在基坑周围筑土堤或挖排水沟，以防地面雨水流入基坑（槽），浸泡地基。

2）机械开挖应由深而浅，基地应预留一层 200~300mm 厚用人工清理找平，以避免超挖和基地土遭受扰动。

3）基坑挖好后，立即浇筑混凝土垫层保护地基。不能立即进行下道工序施工时，应预留一层 150~200mm 厚土层不挖，待下道工序开始再挖至设计标高；基坑挖好后，避免在基土上行驶施工机械和车辆或大量堆放材料。必要时，应铺路基箱或垫道木保护。

4）冬期施工时，如基坑不能立即浇筑垫层，应在表面进行适当覆盖保温，防止受冻。

2.2　土方回填夯实

土方回填，是建筑工程的填土，主要有地基填土、基坑（槽）或管沟回填、室内地坪回填、室外场地回填平整等。对地下设施工程（如地下结构物、沟渠、管线沟等）的两侧或四周及上部的回填土，应先对地下工程进行各项检查，办理验收手续后方可回填。

定额中的夯实是指（不包括回填土在内的）自然状态下的

土面（如已挖好的坑槽底面）的夯实，以及其他需要打夯的原形土面，它包括对需要夯实的平面，进行碎土、平土、找平、夯实等操作过程。而回填土夯填是指将土壤回填后的夯实，它主要适用于基槽、基坑、地坪等的回填夯实，它的工作内容包括在5m以内的取土、碎土、平土、打夯等操作过程。

2.2.1 填方基底处理不当

（1）现象

填方基底未经处理，局部或大面积填方出现下陷，或发生滑移等现象。

（2）原因分析

1）施工管理不当：填土基底上的草皮、淤泥、杂物和积水未清除就填方，含有机物过多，腐朽后造成下沉；在旧有沟渠、池塘或含水量很大的松散土上回填土方，基底未经换土、抛填砂石或翻晒晾干等处理，就直接在其上填土。

2）施工方法不当：填方区未做好排水，地表、地下水流入填方，浸泡回填土方；在较陡坡面上填方，未先将斜坡基底挖成阶梯形就填土，使填方未能与斜坡很好结合，在重力作用下，填方土体顺斜坡滑动；冬期施工基底土遭受冻胀，未经处理就直接在其上填方。

（3）防治措施

1）强化施工人员责任心，对回填土方基底上的草皮、淤泥、杂物应清除干净，积水应排除，耕土、松土应先经夯实处理，然后回填。

2）技术人员对劳务人员做好技术交底，填土场周围做好排水措施，防止地表滞水流入基底，浸泡地基，造成地基土下陷；对于水田、沟渠、池塘或含水量很大的地段回填，基底应根据具体情况采取排水、疏干、挖去淤泥、换土、抛填片石、填砂砾石、翻松、掺石灰压实等措施处理，以加固基底土体。

3）当填方地面较陡时，应先将斜坡挖成阶梯形，阶高

0.2~0.3m，阶宽大于1m，然后分层回填夯实，利于结合并防止滑动。

4）冬期施工基底土体受冻胀，应先解冻，夯实处理后再行回填。

2.2.2 基层回填土方质量不符合要求

（1）现象

回填土中混有大量的碎石、建筑垃圾等杂质或含有大量的有机质或淤泥质土，这将导致今后地基的下陷，也不利于植物的生长。

（2）原因分析

1）回填土料主要是利用本工程的开挖料，其混有大量碎石、建筑垃圾等杂质。

2）采用含水量较高的土料或淤泥质土等不符合要求的土料。

3）采用含有机物质大于5%的生活垃圾等不符合要求的土料。

4）项目部在施工监管中没有严格控制回填土方的质量，致使不符合要求的土料被回填。

（3）防治措施

1）避免采用混有大量碎石、建筑垃圾等杂质的开挖料，如使用碎石类土或建筑垃圾作填料时，其最大粒径不得超过每层铺填厚度的2/3，回填时，大块料不应集中，且不得填在分段接头处或填方与山坡连接处。

2）回填土料的含水量应符合压（夯）实要求，大型土方回填前应根据工程特点、填料种类、设计压实系数、施工条件和压（夯）实工艺等来确定填料含水量。含水量偏高时，可采用翻松晾晒、均匀掺入干土等措施。

3）回填土内不得含有有机杂质，不符合要求时应挖出换土回填，应优先利用基槽中挖出的优质土。

4）项目部在监管工作中严格控制，对不合格的回填土料一律不得使用。

2.2.3 回填土方局部或者大面积沉降

（1）现象

回填土方区域经过一段时间后出现局部沉降或者大面积不均匀沉降（图2-3）。

图2-3 大面积不均匀沉降

（2）原因分析

1）回填土质量不合格：采用了混有碎石、建筑垃圾、淤泥质土、冻土块、有机物含量大于5%的杂填土作填料，填土不易夯实或有机物质腐烂后造成下沉而导致回填土方下陷；回填土的含水量过大或者过小，因而达不到最佳含水率下的压实度要求。

2）回填施工方法不当：回填土区域未做好排水措施，致使地表水、地下水流入回填土区域而浸泡回填土和地基，造成填土区域下陷；填土厚度过厚或压（夯）实遍数不够，达不到密实要求，致使回填土区域在荷载承重下变形量增大，其承载力和稳定性降低而导致不均匀沉降；在较陡的坡上回填土方时，施工前对基底未进行阶梯形处理就回填土方，在重力作用下，填土顺着斜坡滑动，而造成回填土方沉降。

3）在寒冷或者严寒地区进行冬期施工时，由于基底土质受冻，而施工前未待土质解冻、夯实处理后就进行回填土方或回填土为冻块土。

（3）防治措施

1）选择符合回填土要求的土料进行回填，加强对回填土料的质量、含水量、施工操作规范和压实度的现场检验，按规定取样，严格按每道工序的质量要求进行控制。

2）填土的密实度应根据工程性质来确定，对有密实度要求的填方，应对所选用的土料通过试验确定其含水量控制范围、每层铺土厚度、压（夯）实遍数，使其达到设计规定的密实度要求。

3）对由于含水量过大，达不到密实度要求的土层，可以翻松、晾晒、风干或均匀掺入干土和其他吸水材料后重新压（夯）实；对由于含水量过小，达不到密实度要求的土层，应预先洒水湿润后再进行压（夯）实。

4）回填土区域周围要做好排水措施，防止地表水、地下水流入回填区域，浸泡回填土和地基而造成回填区域下陷；对于原有的沟渠或池塘含水量较大的松软土质区域回填土方时，应根据基底实际情况进行排水、疏干、挖淤泥、换土、抛石块、砾石、掺石灰等措施处理，以加固基底土质的稳固性。

5）当回填土区域地面坡度较大时，应先将陡坡挖成阶梯形，阶高 20~30cm，阶宽 100cm，然后分层回填夯实；在寒冷或严寒地区冬期施工时，当基底土质受冻时，应待土质解冻、压（夯）实处理后再进行回填土方或者采用水拌砂的措施来回填。

2.2.4　回填土方出现“橡皮土”（或称“弹簧土”）

（1）现象

填土受夯击（碾压）后，基土发生颤动，受夯击（碾压）

处下陷，四周鼓起，形成软塑状态，而体积并没有压缩，人踩上去有一种颤动感觉（图 2-4）。在人工填土地基内，成片出现这种橡皮土（又称弹簧土），将使地基的承载力降低，变形加大，地基长时间不能得到稳定。

图 2-4 弹簧土处理

（2）原因分析

在含水量很大的黏土或粉质黏土、淤泥质土、腐殖土等原状土上进行回填时，或采用这种土作土料进行回填时，由于原状土被扰动，颗粒之间的毛细孔遭到破坏，水分不易渗透和散发。当施工时气温较高，对其进行夯击或碾压，表面易形成一层硬壳，更加阻止了水分的渗透和散发，因而使土形成软塑状态的橡皮土。这种土埋藏越深，水分散发越慢，长时间内不易消失。

（3）防治措施

1）夯（压）实填土时，应适当控制填土的含水量，土的最优含水量可通过击实试验定，也可采用 $2w_p+2$ 作为土的施工控制含水量（w_p 为土的塑限）。工地简单检验，一般以手握成团，落地开花为宜。

2）避免在含水量过大的黏土、粉质黏土、淤泥质土、腐殖土等原状土上进行回填；当填方区有地表水时，应设排水沟排走；地下水应降低至基底 0.5m 以下。

3）对已出现的弹簧土，可以用干土、石灰粉、碎砖等吸水材料均匀掺入土中，吸收土中水分，降低土的含水量；也可将弹簧土翻松、晾晒、风干至最优含水量范围，再夯（压）实；或者将弹簧土挖除，采取换土回填夯（压）实，或填以 3∶7 灰土、级配砂石夯（压）实。

2.3　栽植土与栽植地形

栽植土是理化性能好，结构疏松、通气，保水、保肥能力强，适宜于园林植物生长的土壤。适宜植物生长的最佳土壤（体积比）为：矿物质 45%、有机质 5%、空气 20%、水 30%。土壤粒径最佳为 1～5mm。要求土壤酸碱适中，排水良好，疏松肥沃，不含建筑和生活垃圾，且无毒害物质，土壤改良需因地制宜。

植物种植设计需要顺应地形条件，充分利用地形现状，与水体、山石、建筑、园路等其他景观要素之间进行合理搭配，使地形与绿化相辅相成，完美结合，需要有整体性。

2.3.1　栽植土质量不符合要求

（1）现象

在绿化施工中，各项目为节约工程成本，常采用不符合种植要求的土壤，造成植物成活率不高或成活后生长不良，处于亚健康状态。

（2）原因分析

1）栽植层土壤中混有大量碎石、建筑垃圾等杂质，致使植物根系无法伸展。

2）栽植层土壤采用的是黏土、重黏性土壤或砂质土壤，土壤通气性、排水能力较差或土壤水分渗透性太强，根系不能充分吸收水分。

3）土壤中营养成分低或盐碱成分过高，苗木移植以后生长过程中营养不能得到充分补充。

（3）防治措施

1）在施工中严格按照设计要求执行栽植土壤质量标准的规定，严禁把混有大量碎石、建筑垃圾等杂质的土料作栽植土壤，如果在栽植层中混有少量的垃圾，应采取人工深翻清理的办法，清理干净。

2）栽植土需是理化性能较好、结构疏松通气、保水和保肥能力强、适合植物生长的土壤，避免使用黏性较重的黏土或保水能力差的砂质土壤。

3）在种植前对营养成分较低或盐碱成分过高的栽植层土壤进行改良或在栽植穴内和周围施加营养土。

2.3.2 土方放样

（1）现象

栽植土土方在放样过程中造成地形辐射不够，形成台阶式、坟堆式地形，缺乏流畅感，严重的则造成排水不畅等现象（图 2-5）。

图 2-5 坟堆式、台阶式放样

（2）原因分析

1）施工放样人员，没有理解、参透图纸内在的精髓，就按个人的意图施工，使完成的地形呈台阶式、坟堆式或只有形没有神。

2）施工放样时未能精确地按照图纸施工，随意性较大。

（3）防治措施

1）加强对施工人员素质的培养，参透图纸内在的精髓，然后通过合理的施工才能更好地表达设计师的意图。

2）栽植土方放样，包括平整场地的放样和自然地形塑造的放样。平整场地的放样，即施工范围的确定。自然地形塑造的放样是园林景观中的一个重要因素，它直接影响着外部空间的美学特征、空间感、视野、小气候等，是其他要素的基础和依托，为能精确地按图施工，在地形塑造放样时，一般采用方格网方法进行定位。

2.3.3　栽植地形塑造与绿化种植脱离

（1）现象

地形塑造与绿化种植出现脱离：如草皮地块与乔、灌木地块的地形结合不当，种植乔、灌木地块的地形比铺设草皮地块地形低等。

（2）原因分析

1）设计图的变更或由于某些原因需要临时增减一些苗木或基础设施，造成新设计的植物与已完成施工的地形结合有冲突。

2）项目部未能领会设计意图且未按图施工，造成图纸与现场不符，致使地形与种植脱离。

3）由于绿化种植和种植土壤塑造的施工单位不同，因其在施工中发生的错误或变更时，未及时相互沟通、协调，也没有根据现场已完成的地形进行苗木栽植。

（3）防治措施

1）遇到设计变更，且又要最大限度地保留原作品中的地貌时，施工时应根据现场情况按照图纸设计要求进行合理的放样。

2）地形和绿化种植应该是相辅相成的，如两者由不同的施工单位施工，不管施工中有任何变化，都应相互沟通、协调，使地形和绿化种植达到相辅相成、完美结合。

第 3 章

园林景观地下管网工程

近年来，随着城市快速发展，地下管线建设规模不足、管理水平不高等问题凸显，一些城市相继发生大雨内涝、管线泄漏爆炸、路面塌陷等事件，严重影响了人民群众生命财产安全和城市运行秩序。园林景观工程作为城市的一部分，其地下管网往往是与整个城市互联互通的，所以在设计时，按照市政工程进行考虑。在园林景观地下管网工程中，给水管线、排水管线、污水处理管线工程是常见地下管网工程的重要项目。给水排水管道工程、污水处理工程与人民生活息息相关，其使用功能的完善性涉及千家万户的切身利益，其质量的优劣是社会关注的热点，关系着城市“防涝”及地下水和土壤被污染的重大问题。因此消除质量通病，确保给水排水管道工程、污水处理工程质量，具有特别重要的意义。

3.1 给水工程质量控制

给水工程是向用水单位供应生活、生产等用水的工程。给水工程的任务是供给城市和居民区、工业企业、铁路运输、农业、建筑工地以及军事上的用水，并须满足上述用户在水量、水质和水压的要求，同时要担负用水地区的消防任务。给水工程的作用是集取天然的地表水或地下水，经过一定的处理，使之符合工业生产用水和居民生活饮用水的水质标准，并用经济合理的输配方法，输送给各种用户。园林景观工程中的给水工程与普通的市政给水有一定的区别，园林给水工程中具有园林用水点分散、高程变化大、用水高峰时间可调节、用水用户类型复杂等特点。园林工程中给水工程通常出现的质量通病主要有渗水和漏水，管道偏移以及室内出现的病害，主要可从施工技术、材料质量控制两方面加以防治。

3.1.1　给水管道施工主要节点

园林工程中给水管道工程施工工序一般为：施工前准备→施工测量放线→沟槽开挖→进管排管→测量抄平→管沟基础处理、压实度检测→高程、中线复测→下管安装→校管、稳管→支后背、打眼灌水→管道试压→管道连接→土方回填、闸门井砌筑、压实度检测→清理现场→冲洗消毒→工程移交验收、竣工资料归档。由于园林景观工程管道施工范围相对于市政工程少，一般还要负责进户，与暖通工程等还有对接。因此相对于市政给水管道工程，园林给水工程还会在阀门安装、建筑结构施工、管道铺设等重要节点施工工序中出现质量通病。

3.1.1.1　配件施工

（1）现象

阀门失灵，开关检修困难，阀杆朝下往往造成漏水。

（2）原因分析

阀门安装方法错误。

（3）防治措施

1）严格按阀门安装说明书进行安装，明杆闸阀留足阀杆伸长开启高度，蝶阀充分考虑手柄转动空间，各种阀门杆不能低于水平位置，更不能向下。

2）暗装阀门不但要设置满足阀门开闭需要的检查门，同时阀杆应朝向检查门。避免出现例如截止阀或止回阀水（汽）流向与标志相反，阀杆朝下安装，水平安装的止回阀采取垂直安装，明杆闸阀或蝶阀手柄没有开、闭空间，暗装阀门的阀杆不朝向检查门等现象。

3.1.1.2　建筑结构施工

（1）现象

暖卫工程施工中，剔凿建筑结构，甚至切断受力钢筋，影响建筑物安全性能。

（2）原因分析

建筑结构施工中没有预留孔洞和预埋件，或预留孔洞尺寸偏小和预埋件没做标记（图 3-1）。

图 3-1　预留孔洞

（3）防治措施

认真熟悉暖卫工程施工图纸，根据管道及支吊架安装的需要，主动认真配合建筑结构施工预留孔洞和预埋件，具体参照设计要求和施工规范规定。

3.1.1.3　管道焊接

（1）现象

管道焊接时，对口后管子错口不在一个中心线上，对口不留间隙，厚壁管不铲坡口，焊缝的宽度、高度不符合施工规范要求。

（2）原因分析

1）管子错口不在一中心线直接影响焊接质量及观感质量。

2）对口不留间隙，厚壁管不铲坡口，焊缝的宽度、高度不符合要求时焊接达不到强度的要求。

（3）防治措施

焊接管道对口后，管子不能错口，要在一个中心线上，对口应留间隙，厚壁管要铲坡口，另外焊缝的宽度、高度应按照规范要求焊接。

3.1.1.4　管道埋设

（1）现象

管道直接埋设在冻土和没有处理的松土上，管道支墩间距和位置不当，甚至采用干码砖形式。

（2）原因分析

管道由于支承不稳固，在回填土夯实过程中遭受损坏，造成返工修理。

（3）防治措施

管道不得埋设在冻土和没有处理的松土上，支墩间距要符合施工规范要求，支垫要牢靠，特别是管道接口处，不应承受剪切力。砖支墩要用水泥砂浆砌筑，保证完整、牢固。

3.1.1.5　管道连接

（1）现象

法兰盘连接处不严密，甚至损坏，出现渗漏现象。法兰衬垫凸入管内。

（2）原因分析

管道连接的法兰盘及衬垫强度不够，连接螺栓短或直径细。热力管道使用橡胶垫，冷水管道使用石棉垫，以及采用双层垫或斜面垫，法兰衬垫凸入管内。

（3）防治措施

管道用法兰盘及衬垫必须满足管道设计工作压力的要求。供暖和热水供应管道的法兰衬垫，宜采用橡胶石棉垫；给水排水管道的法兰衬垫，宜采用橡胶垫。法兰的衬垫不得凸入管内，其外圆到法兰螺栓孔为宜。法兰中间不得放置斜面垫或多个衬垫，连接法兰的螺栓直径比法兰盘孔径宜小于2mm，螺栓杆凸出螺母长度宜为螺母厚度的1/2。

3.1.2 管道试验及检验

3.1.2.1 渗漏检查

（1）现象

管道系统运行后发生渗漏现象，影响正常使用。

（2）原因分析

管道系统水压强度试验和严密性试验时，仅观察压力值和水位变化，对渗漏检查不够。

（3）防治措施

管道系统依据设计要求和施工规范规定进行试验时，除在规定时间内记录压力值或水位变化外，还要特别仔细地检查是否存在渗漏问题。

3.1.2.2 闭水试验

（1）现象

管道漏水，并造成用户损失。

（2）原因分析

污水、雨水、冷凝水管不做闭水试验便做隐蔽。

（3）防治措施

闭水试验工作应严格按规范检查验收。地下埋设、吊顶内、管子间等暗装污水、雨水、冷凝水管等要确保不渗不漏。

3.1.2.3 流量与流速

（1）现象

水质达不到管道系统运行要求，往往还会造成管道截面减小或堵塞。

（2）原因分析

管道系统竣工前冲洗不认真，流量和速度达不到管道冲洗要求，甚至以水压强度试验泄水代替冲洗。

（3）防治措施

用系统内最大设计流量或不应小于3m/s的水流速度进行冲洗。应以排出口水色、透明度与入口水的水色、透明度目测一致为合格。

3.1.2.4　负温试验

（1）现象

水压试验时管内很快结冰，使管冻坏。

（2）原因分析

冬期施工在零度下进行水压试验。

（3）防治措施

尽量在冬期施工前进行水压试验，并且试压后要将水吹净，特别是阀门内的水必须清除干净，否则阀门将会冻裂。若工程必须在冬期施工时进行水压试验，则要在室内温度为零度以上时进行，试压后要将水吹净。在不能进行水压试验时，可用压缩空气进行试验。

3.1.2.5　试水损害

（1）现象

管道和零件冰冻损坏，造成停水修理，影响正常生产和生活用水。

（2）原因分析

寒冷地区管道试水后，在冬季没有及时排出管中积水。

（3）防治措施

在寒冷地区应及时排出管中积水。

3.1.2.6　隐蔽工程检查

（1）现象

出现质量事故、工程返工。

（2）原因分析

隐蔽工程项目不经检查或检查不合格时，便开始进行下道工序施工。

(3) 防治措施

凡是工程中埋地或埋入混凝土的部位，有隔热保温要求的管道或设备，以及安装在人不能进入的管沟、管井和设备层内的管道及附件，都应及时进行隐蔽工程检查，检查合格后方可进行下道工序施工。

3.1.2.7 同类型管道

(1) 现象

房间内的水管相同而做法不一样，甩口尺寸不统一，造成返工。

(2) 原因分析

管道相同的同类型房间不做样板间。

(3) 防治措施

管道相同的同类型房间，如卫生间管道施工必须先做样板，检查管道横平竖直，甩口尺寸符合设计图纸及厂家样本要求，确保每个工人施工的每一间管道做法都一致，而且与其他专业不交圈的地方要进行改正，然后按照样板的做法进行大面积管道施工。

3.1.2.8 水泵强度检验

(1) 现象

水泵运行中，基础强度不够损坏。

(2) 原因分析

水泵基础的强度不检查便安装水泵。

(3) 防治措施

水泵安装前，不但对其基础尺寸、位置和标高校对外，还应对其强度进行检查，保证符合设计要求。

3.1.3 进户管道工程安装

3.1.3.1 与房屋设施冲突

(1) 现象

给水管道穿过橱窗、壁柜、木质装修，甚至穿过大便槽和小便槽，影响这些设施的功能，破坏建筑物的装修效果。

（2）原因分析

设计、施工方图纸会审没有注重细节。

（3）防治措施

与甲方、监理和设计人员沟通，将管道移到这些设施外面。

3.1.3.2　水泵出入口

（1）现象

水泵配管和阀门的重量直接由水泵接口承受，造成水泵进出口连接柔性短管扭曲变形。

（2）原因分析

水泵进出口处的配管和阀门不设固定支架。

（3）防治措施

水泵配管或阀门处应设独立的固定支架，同时保证水泵进出口连接柔性短管轴线在管道与泵接口两个中心的连线上。

3.1.3.3　水表安装

（1）现象

水表贴紧墙面，水表的检修和查看水表数据困难；水表前后没有足够的直线管段，流过水表的水阻力大且形态杂乱无章。

（2）原因分析

安装水表时，水表与墙面距离太近。

（3）防治措施

水表应安装在便于检修、查看和不受暴晒、污染、冻结的地方；安装螺翼式水表时，表前阀门应有8~10倍水表直径的直线管段，其他水表的前后应有不小于300mm的直线管段；室内分户水表其表外壳距净墙表面不得小于30mm，表前后直线管段长度大于300mm时，其超出管段应揻弯沿墙敷设。

3.1.3.4　水表连接

（1）现象

水表的活接头处承受很大内应力，造成水表活接头破裂、漏水。

(2) 原因分析

水表的前后两连接管段不在同一直线上，强行用活接头连接。

(3) 防治措施

安装水表时，首先应检查活接头质量是否可靠、完整无损，若水表与其连接的前后管段不在同一直线上，必须认真调整，调整合适后，先用手把水表两端活接头拧上 2、3 扣，左右两边必须同时操作，再检查一遍，到水表完全处于自然状态下，再同时拧紧活接头。

3.2 排水工程质量控制

排水工程是指收集和排出人类生活污水和生产中各种废水、多余地表水和地下水（降低地下水位）的工程。主要设施有各级排水沟道或管道及其附属建筑物，视不同的排水对象和排水要求还可增设水泵或其他提水机械、污水处理建筑物等。主要用于农田、矿井、城镇（包括工厂）和施工场地等。

3.2.1 室内排水管道施工过程

3.2.1.1 排水管道支墩

(1) 现象

因为回填土等施工，使管道损坏或局部形成倒坡。管道发生渗漏或流水不畅、堵塞。

(2) 原因分析

埋设排水管道支墩不稳固，或间距超过施工规范要求。

(3) 防治措施

管道支墩要牢靠，当支墩超过 30cm 时，应分层回填土，防止挤压管道。同时严禁管道上面和两侧使用机械夯实。铸铁管道支墩间距不应大于 2m。排水硬聚氯乙烯横管直线管段支承件的间距见表 3-1。

排水硬聚氯乙烯横管直线管段支承件间距　　表 3-1

管径(mm)	40	50	75	90	110	125	160
间距(m)	0.40	0.50	0.75	0.90	1.10	1.25	1.60

3.2.1.2　管道甩口

(1) 现象

管道堵塞，甚至清通不成，只好截断管道重新设计安装。

(2) 原因分析

管道甩口封堵不及时；排水塑料管件质量粗糙，内部注塑膜未清除干净，造成管径缩小。

(3) 防治措施

管道安装前，首先应认真清除管道和管件中的杂物，管道甩口特别是向上甩口应及时封堵严密，防止杂物进入管道中。为了截留掉入立管中的杂物，当首层立管检查口安装后，在立管检查口处及时安装防堵铁簸箕，是行之有效的方法。具体做法是：当排水立管安装开始时，在首层立管检查口处拆除检查口盖，及时装入铁簸箕，铁簸箕前端应与管内壁贴紧，下部伸出管外。铸铁排水管使用的铁簸箕在其尾部开孔，以便将其固定在立管检查口下部的螺栓上；UPVC 管道使用的铁簸箕宜将其尾部焊上自制的扁钢抱卡，抱紧在立管上。这样在施工过程中掉入排水立管中的杂物就可以从铁簸箕排出管外，防止进入立管底部。

3.2.1.3　墙体位置与卫生用具

(1) 现象

管道层或地下埋设管道首层立管甩口不准，管道需返工修理。

(2) 原因分析

施工人员对墙体位置及卫生器具安装尺寸了解不准确。

(3) 防治措施

管道施工中，要详细了解地上墙体位置和卫生器具安装尺寸，同时管道甩口应及时固定牢靠。

3.2.1.4 排污立管检查口

(1) 现象

铸铁生活污水立管检查口设置位置和数量不符合施工规范和管道灌水试验要求，当排污立管及横管堵塞时，无法进行疏通，有时只能截断管道或在管道上凿洞，给维修管理带来很大困难。

(2) 原因分析

托吊管为隐蔽部位，需要逐层进行灌水试验，如果不是每层设置检查口，或污水立管与专用透气管采用 H 形管件连接，每层污水立管检查口不设在 H 形管件以上，都将造成每层托吊管灌水试验无法进行。

(3) 防治措施

铸铁污水排水立管应每隔两层设置一个立管检查口，并且在最底层和有卫生器具的最高层必须设置，其高度由地面到检查口为 1m，并应高于该层卫生器具上边缘 150mm，检查口的朝向应便于修理。当托吊管需进行逐层灌水试验时，应每层设置立管检查口，如果设计有专用透气管，并与污水立管采用 H 形管件连接时，立管检查口应设置在 H 形管件的上边。

3.2.1.5 清扫口与检查口

(1) 现象

污水管道发生阻塞时，无法正常打开清扫口或检查口进行清通。

(2) 原因分析

连接两个及两个以上大便器或三个及三个以上卫生器具的污水横管起端处不设置清扫口，或将清扫口安装在楼板下托吊管起点；在污水横管的直线管段或在转角小于 135°的污水横管上，不按施工规范规定，设置检查口或清扫口。

（3）防治措施

污水管道当连接两个及两个以上大便器或三个及三个以上卫生器具时应在起端处设置清扫口，同时当污水管在楼板下悬吊敷设时，宜将清扫口设在上一层楼板地面上，方便管道清通工作。在污水横管转角小于 135°时，以及污水横管的直线管段上，应按规定设置检查口。

3.2.1.6　管道零件

（1）现象

管道局部阻力加大，重力流速减小，管道中杂物容易在三通、弯头处形成堵塞。

（2）原因分析

铸铁排水管道连接用正三通、正四通，弯头用 90°弯头，使用零件不符合施工规范要求。

（3）防治措施

铸铁排水管道的横管与横管、横管与立管的连接，应采用 45°斜三通、45°斜四通、90°斜三通、90°斜四通，管道 90°转变时，应用 2 个 45°弯头或弯曲半径不小于 4 倍管径的 90°弯头连接。

3.2.1.7　透气管与辅助透气管

（1）现象

卫生器具管道中异味难以散出，同时在第一次排污后，管内形成真空，造成卫生器具水封破坏，异味溢到室内，而且还使第二次排污困难。

（2）原因分析

卫生器具特别是大便器排水系统立管上不设置透气管或辅助透气管。

（3）防治措施

一般层数不高、卫生器具不多的建筑物，应设置排水立管上部延伸出屋顶的通气管，对于建筑物层数较高或卫生器具设置多的排水系统，应设辅助通气管或专门通气管。

3.2.1.8　排水通气管连接

（1）现象

排水通气管影响周围空气的卫生指标，同时当通气管与风道或烟道连接时，会破坏空气的参数，往往会影响烟囱的抽力。

（2）原因分析

室内的排水通气管与风道或烟道连接，以及通气管出口设在建筑物的檐口、阳台和雨篷等不合适的部位。

（3）防治措施

室内排水通气管不得与风道或烟道连接，通气管出口4m以内有门窗，通气管应高出门窗顶0.6m或引向无门窗一侧，同时通气管出口不宜设在建筑物挑出部分（檐口、阳台和雨篷等）的下面。通气管的管径一般应与排水立管的管径相同，为了防止雨雪或脏物落入通气管，顶端应装通气帽，在寒冷的地区，通气管内易结冰霜，有时通气管管径要大于排水立管管径。

3.2.2　市政排水管道工程

3.2.2.1　市政排水管道材料控制

（1）现象

排水管材在进场时，质量不合格，如图3-2所示。

图3-2　管材强度低

（2）原因分析

1）管材质量存在裂缝或管材局部混凝土松散、强度低、抗渗能力差，容易被压破或产生渗水。

2）管材管径尺寸偏差较大，安管时容易错口。

（3）防治措施

1）材料员采购时要选用正规厂家生产的管材并且要有质量部门提供的出厂合格证和力学试验报告等资料。

2）现场施工技术人员在提料时要结合设计图纸提料，并有总工签批。

3）管材进场后应进行外观检查，管材不得有破损、脱皮、蜂窝、露骨、裂纹等现象，对外观检查不合格的管材不得安装。

4）在运输、安装过程中应对管材加强保护（图3-3、图3-4）。

图3-3　管材安装过程

图3-4　管材运输过程

3.2.2.2　测量技术防控

（1）现象

管线偏位（图3-5）、坡度与设计不符。

（2）原因分析

测量技术人员在测量放线时因测量差错或意外避让原有构筑物，使管道在平面上产生位置偏移、在立面上坡度不顺。

（3）防治措施

1）严格按设计坐标放线定出管线的中心线位及检查井位置（图3-6）。

图 3-5 管线偏位

图 3-6 平直管线

2）监理人员进行复测，其误差符合规范要求后才能施工。

3）连接井在施工中如意外遇到构筑物须避让时应在适当的位置增设连接井，其间以直线连接，转角应大于 135°。

3.2.2.3 沟槽开挖

（1）现象

在沟槽开挖过程中经常会出现边坡塌方、槽底泡水（图 3-7）、沟槽超挖（图 3-8）、沟槽断面不符合要求等一系列质量问题。

图 3-7 槽底泡水

图 3-8 沟槽超挖

（2）原因分析

现场施工技术人员对施工组织设计不了解，对质检标准不熟。

（3）防治措施

1）防止边坡塌方。可根据土壤类别、土的力学性质确定适当的槽帮坡度。实施支撑的直槽槽帮坡度一般采用 1∶0.05。对于较深的沟槽宜分层开挖。挖槽土方应妥善安排堆放位置，通常情况可堆在沟槽两侧。堆土下坡脚与槽边的距离根据槽深、土质、槽边坡来确定其最小距离。

2）防止槽底泡水。可在雨期施工时事先在沟槽四周叠筑闭合的土埂，必要时要在埂外开挖排水沟防止雨水流入槽内。在地下水位以下或有浅层滞水地段挖槽应设排水沟、集水井，用水泵进行抽水，严禁浸水作业。沟槽见底后应随即进行下一道工序，槽底应留 20cm 土层不挖作为保护层。

3）防止槽底超挖。挖槽时应有专人对槽底高程进行测量检验。使用机械挖槽时在设计槽底高程以上预留 20cm 土层由人工清挖、清平，如遇超挖应用碎石、砂或卵石填到设计高程或填土夯实，其密实度不低于原天然地基密实度。

4）沟槽断面的控制。开槽断面由槽底宽、挖深、槽层、各层边坡坡度以及层间留台宽度等因素确定。槽底宽度应为管道结构宽度加两侧工作宽度。因此确定开挖断面时要考虑生产安全和工程质量，做到开槽断面合理。

3.2.2.4　平基、管座质量偏差

（1）现象

平基不平，厚度不一，强度不能满足设计要求。不同管下土弧角平基厚度应如图 3-9 所示。

（2）原因分析

1）施工单位对沟槽内的积水和淤泥在未做清理处治的情况下就浇筑平基混凝土，造成部分平基段渗水，如图 3-10 所示。

2）平基的高程偏差很大，厚度不能保证管座混凝土浇筑造成跑模、混凝土有蜂窝孔洞等现象，如图 3-11 所示。

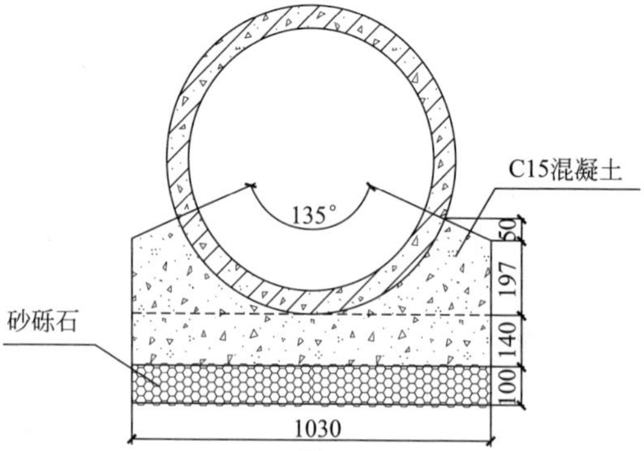

(a)

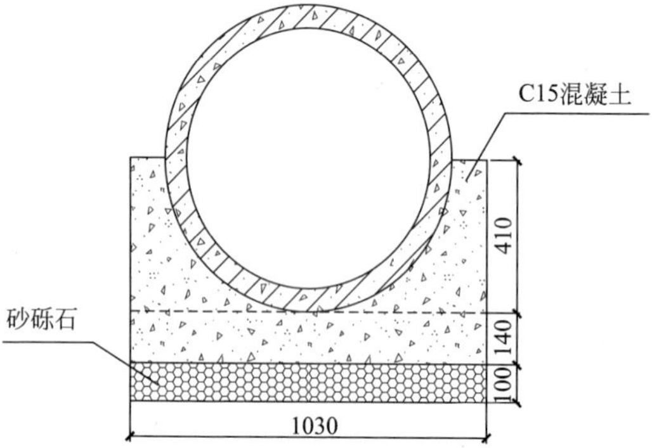

(b)

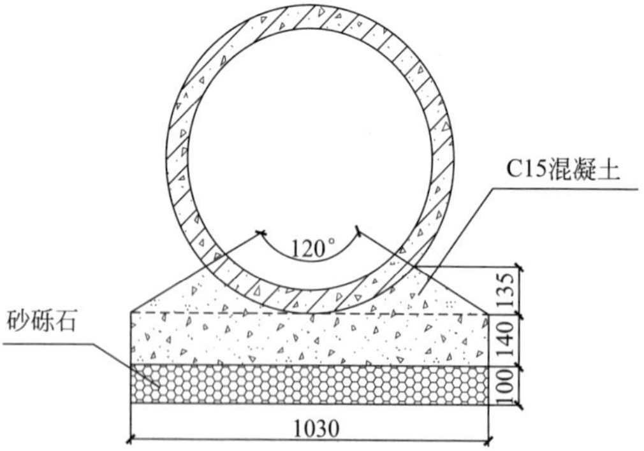

(c)

图 3-9　不同管下土弧角平基厚度

说明：地下水位低于槽基时，可以取消砂砾石垫层。

（a）135°混凝土基础；（b）180°混凝土基础；（c）120°混凝土基础

图 3-10　部分平基段渗水

图 3-11　平基高程偏差

（3）防治措施

1）在施工时不能带泥水浇筑平基混凝土，应采取有利的排水措施将进入槽内的雨水、地表水或地下水抽排干净，槽底淤泥应清理干净，预检后确保干槽施工。

2）在施工时保证平基的厚度和高程，在安装混凝土平基的模板时要复核槽底标高和模板顶线高程，当确保无误后方可浇筑混凝土并且在浇筑过程中要准确控制。

3）在施工时保证管座模板具有足够的强度、刚度和稳定性，特别是支杆的支撑点不能直接支在松散土层上，应加垫板或桩木使之能可靠地承受混凝土灌注时的振捣力和侧向推力。

4）保证混凝土的质量，要按配合比进行下料，在拌制浇筑过程中要对混凝土进行振捣但要防止欠振或过振。

3.2.2.5　安管质量

（1）现象

水泥管与检查井接口处理不当，在圆形检查井中管头露出井壁过长（图 3-12）或缩进井壁管道局部位移超标，直顺度差或管道反坡、错口。

（2）原因分析

现场施工人员对图纸不熟，管理人员管控不严。

图 3-12　管头露出井壁过长

（3）防治措施

1）检查井间管道铺设长度、管子伸进检查井内长度及管端头之间预留间距要准确计算。在安管过程中要严格控制不能使管头露出井壁过长或缩进井壁。

2）保证管道的直顺度和坡度，安管时要在管道半径处挂边线，线要拉紧不能松弛，安管过程中要随时检查。在调整每节管子的中心线和高程时要用管枕支垫牢固。相邻两管不得错口，在浇筑管座前要先用与管座混凝土同强度等级的细石混凝土把管子两侧与平基相接处的三角部分填满填实，再在两侧同时浇筑混凝土。

3.2.2.6　平接口质量不合格

（1）现象

接口抹带砂浆凸出（图 3-13）、管内壁铁丝网与管缝不对中、插入管座深度不足、铁丝网长度不够。

（2）原因分析

1）抹带砂浆的配合比不准确，和易性、均匀性差；接口处

图 3-13　接口抹带砂浆凸出

抹带水泥砂浆未与管皮粘结牢固；接口抹带砂浆抹完后，没有覆盖保温，或覆盖层薄，遭冻胀，抹带与管皮脱节。或已抹带的管段两端管口未封闭，管体未覆盖，形成管体裸露，管内穿堂风，管节整体受冻收缩，造成在接口处将砂浆抹带拉裂；管带全厚，只按一层砂浆成活，太厚。或水灰比太大，造成收缩较大，从而形成空鼓或裂缝。

2）小于等于 600mm 小管径的排水管，在浇筑混凝土管座和接口处水泥砂浆抹带的同时，其管座混凝土中的砂浆和接口抹带砂浆通过管口接缝流入管内，并凸出管内壁，或在浇筑管座和抹带的同时，未按规范要求采取消除灰瘤子的措施。

3）钢丝网插入混凝土管座的位置，本来就放偏、深度放浅，或捣实时将钢丝网挤偏、挤歪或上浮，未予及时调整。钢丝网搭接条件不够，一般是计算错误，下料长度不够，或插入管座过深，影响了搭接长度。

（3）防治措施

1）为了防止抹带空鼓、开裂，水泥砂浆要按配合比下料。下料要准确，搅拌要均匀，要保证砂浆的强度及和易性。

2）抹带前先将抹带部分的管外壁凿毛洗刷干净，刷水泥浆一道。管径大于 400mm 时分 2 层抹压，管径小于等于 400mm 时可一次抹成，对于管径大于等于 700mm 的管道，管缝超过 10mm 时，抹带时应在管内接口处用薄竹片支一垫托将管缝内的砂浆充满捣实再分层施工，抹完后应覆盖并洒水养护。

3）保证内管缝与管内壁平齐，管径小于等于 600mm 的管道在抹带的同时配合用麻袋球或其他工具在管道内来回拖动将流入管内的砂浆拖平，管径大于 600mm 的管道应勾抹内管缝。

4）对于铁丝网水泥砂浆抹带接口，要保证铁丝网与管缝对中，铁丝网搭接长度和插入管座的长度均不少 100mm。

3.2.2.7　检查井变形、下沉构配件质量差

（1）原因分析

检查井变形和下沉，如图 3-14 所示，井盖质量和安装质量差，铁爬梯安装随意性太大，这些会影响工程外观及其使用质量。

图 3-14　检查井沉降

（2）防治措施

1）认真做好检查井的基础和垫层，采取破管做流槽的做法，防止井体下沉。

2）检查井砌筑质量应控制好井室和井口中心位置及其高度，防止井体变形。

3）井盖与井座要配套安装，安装时坐浆要饱满，轻重型号和面底不错用，铁爬梯安装要控制好上、下第一步的位置偏差，不可太大，平面位置准确。

3.2.2.8　回填土沉陷

（1）原因分析

回填土沉降，如图 3-15 所示。压实机具不合适，填料质量欠佳、含水量控制不好等原因影响压实效果，给日后造成过大的沉降。

图 3-15　回填土沉降

（2）防治措施

1）管槽回填时必须根据回填的部位和施工条件选择合适的填料和压（夯）实机具，如本地区主干道下的排水等设施的坑槽回填用中粗砂，管槽从平基部位填至管顶 30cm 再灌水振捣至相对密度>0.7，实践证明效果很好。

2）管槽较窄时可采用微型压路机填压或蛙式打夯机夯填，不同的填料、不同的填筑厚度应选用不同的夯压器具，以取得最经济的压实效果。

3）填料中的淤泥、树根、草皮及其腐殖物既影响压实效果又会在土中干缩、腐烂形成孔洞，这些材料均不可作为填料以免引起沉陷。

4）控制填料含水量不大于最佳含水量的 2%，遇地下水或雨后施工必须先排干水再分层随填随压密实，杜绝带水回填或用水夯法施工，根据沉降破坏程度采取相应的措施。

3.2.2.9 管道渗漏水，闭水试验不合格

膨胀土地区的雨水管道，回填土前应采用闭水法进行严密性试验。在检查完雨水检查井及管道外观和质量合格后，沟槽回填前做闭水试验，如图 3-16 所示。

图 3-16 做闭水试验

（1）原因分析

基础不均匀下沉、管材及其接口施工质量差，闭水段端头封堵不严密，井体施工质量差等原因均可造成漏水现象。

（2）防治措施

1）管道基础条件不良将导致管道和基础出现不均匀沉陷，一般造成局部积水，严重时会出现管道断裂或接口开裂。预防措施是认真按设计要求施工，确保管道基础的强度和稳定性，当地基地质水文条件不良时应进行换土改良处治以提高基槽底

部的承载力。如果槽底土壤被扰动或受水浸泡应先挖除松软土层，超挖部分用砂或碎石等稳定性好的材料回填密实，地下水位以下开挖土方时，应采取有效措施做好坑槽底部排水降水工作，确保干槽开挖，必要时可在坑槽底预留 20cm 厚土层待后续施工时随挖随封闭。

2）所用管材要有质量部门提供的合格证和力学试验报告等资料，要求管材表面平整，无松散露骨和蜂窝麻面现象，硬物轻敲管壁其响声清脆悦耳，安装前再次逐节检查，发现或有质量疑问的应弃之不用或经有效处理后方可使用。

3）选用质量良好的接口填料并按试验配合比和合理的施工工艺组织施工，接口缝内要洁净，对水泥类填料接口还要预先湿润，而对油性的接口则应预先干燥后刷冷底子油，再按照施工操作规程认真施工。

4）检查井砌筑砂浆要饱满，勾缝全面不遗漏，抹面前清洁和湿润。表面抹面时及时压光收浆并养护，遇有地下水时，抹面和勾缝应随砌筑及时完成，不可在回填以后再进行内抹面或内勾缝。与检查井连接的管外表面，应先湿润且均匀刷一层水泥原浆，待坐浆就位后再做内外抹面以防渗漏。

5）闭水段封口如采用砖砌，砌堵前应把管口 0.5m 左右范围内的管内壁清洗干净，涂刷水泥原浆同时把所用的砖块润湿备用，砌堵砂浆强度等级应不低于 M5 且具有良好的稠度，勾缝和抹面用的水泥砂浆强度等级不低于 M15，管径较大时应内外双面勾缝，抹面较小时只做外单面勾缝或抹面，抹面应按防水的 5 层施工法施工，条件允许时可在检查井砌筑之前进行封砌以保证质量，预设排水孔应在管内底处以便排干和试验时检查。

6）闭水试验是对管道施工和材料质量进行全面的检验，其间难免出现三两次不合格现象，这时应先在渗漏处一一做好记号，在排干管内水后进行认真处理，对细小的缝隙或麻面渗漏可采用水泥浆涂刷或防水涂料涂刷，较严重的应返工处理，油膏接口可采用喷灯进行表面处理，严重的渗漏除了更换管材、重新填塞接好还可请专业技术人员处理，然后再做试验，如此反复进行直至闭水合格为止。

3.3 污水处理工程

（1）雨水管与污水、有害管道连接

现象：污水管道超过充满度的要求，造成污水外溢，污染环境，影响周围环境卫生，危害人体健康。

原因分析：室内雨水管接入生活污水管道、可能产生有毒气体的合流排水管道或生产排水管道不加水封。

防治措施：雨水管道不得与生活污水的管道相连，雨水管道接往可能产生有毒气体的合流管道或生产排水管道时，应增加水封隔断装置。

（2）排水管埋设

现象：管道受力损坏或在寒冷地区排水冰冻，影响正常使用。

原因分析：排水管埋设深度不够。

防治措施：排水管道出户管道的埋深，一般不应小于当地的冰冻线深度。

（3）生活给水与排水冲突

现象：生活给水箱泄水管、溢水管以及空调冷凝水管与生活污水管及设备直接连接，污染饮用水水源和住户生活环境。

原因分析：施工人员对图纸不熟悉，施工水平落后。

防治措施：饮食业工艺设备引出的排水管及饮用水水箱溢流管，不得与污水管道直接连接，并应留出不小于100mm的隔断空隙，空调房间风机盘管的排水管，如需接向室内排水管道，宜在排水管上方。

（4）污水透气管

现象：不上人的屋顶透气管出屋顶的高度过低时，寒冷地区的积雪使其不能达到透气效果。上人的屋顶透气管出屋顶的高度过低时，臭气影响周围环境卫生。屋顶施工中脏物落进透气管使管子堵塞。

原因分析：污水透气管出屋顶的高度过低或透气罩不牢固。

防治措施：污水透气管出屋顶的高度必须符合规范规定不上人屋顶出屋顶高度 0.7m，上人屋顶出屋顶高度 2m 以上，透气罩必须使用较牢固的产品，并根据防雷要求设防雷装置。

（5）通水试验

现象：卫生器具使用后，排水支管接口出现渗漏，影响使用。

原因分析：卫生器具安装完毕以后，排水管道未做通水试验，未能提前发现质量问题。

防治措施：卫生器具安装完毕后，在竣工交付使用前，应逐个进行满水试验（充满水至溢水口处），保证排水通畅，管道连接处无渗漏。

（6）通球试验

现象：排水管道通水试验后没有进行通球试验。

原因分析：因为排水管施工到卫生洁具通水试验的周期较长，难免有些杂物落入管内，在卫生洁具通水试验时，虽然净水能够通过，但如果管内有杂物，当粪便污水通过时则会造成管道堵塞。污水管只有通过通球试验才能检验出管道真正畅通与否。如果不进行通球试验，当用户在使用中发生堵塞，不仅影响使用，甚至造成用户投诉，给企业造成不应有的损失。

防治措施：排水管道通水试验后应进行通球试验，用不小于管道直径 2/3 的硬质塑料球，对管道的各立管以及连接立管的水平干管进行通球试验，具体做法是在立管顶部或水平干管的起端将球投入，球靠重力或水冲力在管道中通过，在排出口取到球体为合格。

（7）蹲便器排污口

现象：污水外溢，地面和顶板大面积潮湿甚至积水和渗漏。

原因分析：蹲便器排污口与排水管地面甩口连接不好。

防治措施：排水管道地面甩口的承口内径和蹲便器排污口外径尺寸应相匹配，保证蹲便器排污口插入深度不小于5mm，并应用油灰或1∶5熟石灰和水泥的混合灰填实抹平。

(8) 蹲便器冲水

现象：地面大面积积水甚至向下层房间渗漏水。

原因分析：蹲便器冲洗管进水处渗漏水。

防治措施：蹲便器冲洗管进水处绑扎胶皮碗时应首先检查胶皮碗和蹲便器进水处是否完好，胶皮碗应使用专用套箍紧固或使用14号铜丝两道错开绑扎拧紧，蹲便器冲洗管插入胶皮碗的角度应合适。同时蹲便器冲洗管连接口处应填干砂和装活盖，以便检修。

(9) 蹲便器、坐便器稳固材料

现象：蹲便器、坐便器维修时不便于拆卸，强行拆卸将会使卫生洁具损坏。

原因分析：蹲便器、坐便器安装时其稳固的材料只用水泥稳固安装。

防治措施：蹲便器、坐便器安装时其稳固的材料不得只用水泥，要用白灰膏渗少量的水泥进行稳固安装，以便于维修拆装。

(10) 地面防水层

现象：地面渗漏水，影响下层房间正常使用。

原因分析：卫生器具安装时，修改管道甩口损坏地面防水层。

防治措施：连接卫生器具的管道地面甩口，必须在地面防水施工前检查和修改完毕，确保地面防水层的质量。

(11) 地漏水封

现象：有防水做法的卫生间地漏，其上表面在防水层上边，以及地漏水封尺寸过小。

原因分析：地漏在防水层上边时，地漏四周积水可能造成楼板渗漏；地漏水封尺寸过小时，影响水封的存水量，地漏内水很快蒸发，污水管内的臭气窜入室内。

防治措施：地漏安装时，地漏上表面与楼板结构面应一样平或高出 1cm，使防水层压在地漏四周，卫生间积水能很快从地漏排走，同时地漏箅子应该与装修地面一样平（或加铜、不锈钢套）。地漏的水封不能小于 5cm。

第 4 章

园林景观道路工程

在园林景观工程中通常将园林道路称之为园路，按照功能分类，园路主要分为主路、次路、小路（游步道）、园务路四种。园路的形式虽然多样，但典型园路结构都由路基、基层、结合层和面层构成。园路是园林的组成部分，起着组织空间、引导游览、交通联系并提供散步休息场所的作用，园路系统的设计是水电等工程的基础，直接影响到水、电等管网的布置，同时又是园林风景的组成部分，巧妙的线形，独具匠心的寓意，精美的图案，都给人以美的享受。关注园路的质量通病防治对发挥园林景观工程整体效果有着重要的意义。

4.1 园路路基质量通病

俗话说“基础不牢，地动山摇”，路基是道路工程的重要组成部分，路基的质量直接关系到上面的基层、面层的工程质量。路基分为挖方路基和填方路基。

挖方路基是指超过基层底面设计，需要对其进行挖方处理，在挖方时根据土质情况，考虑是否换土（如遇见垃圾场，土质不好，就需要换土），分层碾压等。

填方路基是指路基顶面距基层还有一段距离，需要用填土方式进行路基施工。填土时需要对原始地面进行处理，并分层填筑、碾压至基层底面。

4.1.1　填方路基出现不均匀沉陷（降）

（1）原因分析

1）路基填筑前对基底没有进行处理。如基底表面的杂草、有机土、种植土及垃圾等没有清理，或土质松散的基底在填筑前没有进行压实。

2）路基填料选择不当，如采用粉质土或含水量过高的黏土等作填料，不易压实。

3）不同土质的回填料没有分层填筑，而是采用混合填筑，使压实度达不到要求。

4）压实机械选择不当或压实方法不正确，压实遍数不够等原因，致使压实度不够或压实不均匀。

5）如路基为软基，在填筑前没有对软基进行处理，在荷载作用下，软基被压缩沉降，或者软基虽然经过处理，但因工期紧、沉降时间不足而引起完工后继续沉降。

（2）防治措施

1）填筑前应对基底进行彻底清理，挖除杂草、树根，清除表面有机土、种植土及垃圾，对耕地和土质松散的基底进行压实处理。

2）宜选用级配较好的粗粒土作为填筑材料，当采用细粒土时，如含水量超过最佳含水量 2%时，应采取晾晒或渗入石灰、固化材料等技术措施进行处理。

3）用不同的填料填筑路基时，应分层填筑，每一个水平层均应采取同类材料，不得混合填筑。

4）选择合适的压实机械和正确的压实方法对路基进行压实。

5）对软地基在填筑前应视不同情况采用不同的处理方法。

6）软地基的路面宜采用沥青混凝土或其他易翻挖的路面，路面的横坡应适当提高，防止出现倒坡现象。

7）在路面铺筑前产生路基下沉，应查明原因，采取相应的处理方法，可采用超载预压，待路基下沉稳定后再按设计要求进行路面铺筑，如工期紧可适当换填轻质材料，如粉煤灰、石灰混合料等。

8）路面铺筑后，发生沉降时，一般路基如果发生整体下沉可不做处理，但路基如果发生局部沉降应查明原因后进行补救。

4.1.2 填方路基填土压实度达不到检测要求

（1）原因分析

1）填方土质含水量偏大或偏小，没达到最佳含水量时就进行压（夯）实。

2）填料不符合要求，填土颗粒过大（>10cm），颗粒之间间隙过大，造成不易压实。

3）压实机械选择不当（吨位偏低）或压实方法不正确，造成此现象。

4）填土厚度过大或压实遍数不够，造成此现象。

（2）防治措施

1）在碾压前对填土的含水量进行检测，保证在最佳含水量的±2%内，再进行压实。

2）宜选择级配较好的粗粒土作为路基填料，填料的最小强度和最大粒径应符合相关规范的要求。

3）填土应水平分层填筑，分层压实，通常压实厚度不超过20cm。

4）应通过试验来确定压实机械的功率和压实遍数。

5）如碾压过程中，出现翻浆现象，检测填料是否符合要求，如填料不符合要求时应挖出来并进行换填。

6）对含水量过大的填土，可采用翻松晾晒或均匀掺入石灰粉来降低含水量，对含水量过小的土，则洒水湿润后再进行压实。

7）如压实厚度过大或压实机械压实力度不够，则应翻挖较厚层重新减薄厚度后再进行分层压实，或增大压实机械的功率来压实。

4.1.3　路床有“弹软（簧）”现象

（1）现象

路床碾压后出现弹簧土，如图 4-1 所示。

图 4-1　路床弹簧土

（2）原因分析

1）路床土层含水量超过压实最佳含水量，以致大部分或局部发生弹软现象。

2）对多层填筑路基，未分层碾压，造成压实度低，出现弹软现象。

3）压路机吨位低或碾压遍数少，造成此现象。

（3）防治措施

1）控制最佳含水量，分层碾压。

2）选择合适的压路机，并在碾压过程中有序进行。

4.1.4 路床“翻浆”现象

（1）原因分析

1）路床积水，特别是挖方路段。

2）路床土质不佳，多为黏性土。

3）路基土含水量高。

（2）防治措施

1）雨期施工土路床，要采取雨期施工措施，挖方地段，当日挖至路槽高程，应当日碾压成活，同时还要挖好排水沟；填方路段，应随摊铺随碾压，当日成活。遇雨浸湿的黏土，要经晾晒或换土。

2）路床土层避免填筑黏性较大的土。

3）路床上碾后如出现弹软现象，要彻底挖除，换填含水量合适的土。

4.2 园路基层质量通病

路面基层是在路基（或垫层）表面上用单一材料按照一定的技术措施分层铺筑而成的层状结构，基层是整个道路的承重层，起稳定路面的作用。路面基层分为无机结合料稳定基层和碎、砾石基层，其材料质量的好坏直接影响路面的质量和使用性能。路面基层的质量通病常见的有裂缝、翻浆、多种材料的质量不达标等，研究园路基层质量通病，有利于避免工程施工中质量安全隐患，全面提高工程施工质量，发挥该基层实际应用中的相关作用。

4.2.1 道路基层出现裂缝、凹陷、翻浆现象

（1）现象

道路基层施工完后，出现如图 4-2 所示的病害。这些病害往往很常见，但也是十分严重，必须返工，因为道路基层出现

裂缝、凹陷、翻浆这样的病害后，若不及时处理，后期将会发生渗水，继而导致路面坍塌，严重影响道路使用寿命。

(a)　　(b)

图 4-2　路面基层裂缝、凹陷等病害

（a）裂缝；（b）凹陷

（2）原因分析

1）基层填筑前未对基底表面的垃圾，包括浮土等进行清理或基础不平整。

2）基底土层松软的区域未进行路基加固处理。

3）基层填料选择不当。

4）基层层次结构的做法不正确。

5）面积较大区域施工时未设置伸缩缝。

（3）防治措施

1）基层填筑前应按设计要求对基底进行清理，如对基底表面的杂草、有机土、种植土及垃圾等清理。

2）基底土层松软的区域要进行地基加固处理。

3）基层选用材料要得当，一般采用干碎石、煤渣石灰土、石灰土作基层，并应采用不小于 12t 的压路机碾压，每层碾压厚度<20cm。

4）结构层施工采用 M7、M5 水泥、砂的混合砂浆，砂浆摊铺宽度每边应比铺装面大 5～10cm，石材铺地结合层采用 M10 水泥砂浆。

5）面层施工时采用整体浇筑，过大区域可划分若干地块，但每一块面积在 9~10m^2 之间，地块之间需要做伸缩缝。

4.2.2 石灰土碾压后出现扒缝、车辙

（1）现象

石灰土碾压过后强度不够，出现车辙，如图 4-3 所示。

图 4-3 石灰土碾压后出现车辙

（2）原因分析

1）掺拌摊铺的灰土过干或过湿，都偏离最佳含水量较大。往往是在石灰土过干时，进行碾压后，再在表面进行洒水，这样只湿润表层，不能使水分渗透到整个灰土层。过湿时，碾压出现颤动、扒缝现象。

2）石灰搁置时间过长，已经失效。

（3）防治措施

1）石灰土施工现场必须配备洒水设备，如果在取土、运输、翻拌过程中失水，就应在翻拌过程中随搅拌随打水花，直至达到最佳含水量。

2）石灰土在碾压成活后，如不摊铺上层结构，应不断洒水

养生，保持经常湿润（因为灰土初期经常保持一定湿度，能加速结硬过程的形成），因为石灰土强度形成过程中，一系列相互作用都离不开水。

3）如果外进土料过湿或遇雨后过湿都应进行晾晒，使其达到或接近最佳含水量时再进行石灰掺拌。如拌和后的灰土遇雨，也应晾晒，达到最佳含水量后再进行碾压。

4）石灰土搁置时间过长，还要经过检测，如果石灰失效，还应再加灰掺拌后碾压。

4.2.3　二灰土摊铺时粗细料分离

（1）原因分析

二灰土在摊铺时未搅拌均匀或摊铺时粗细料离析。

（2）防治措施

1）如果在装卸运输过程中出现离析现象，应在摊铺前进行重新搅拌，使粗细料混合均匀后摊铺。

2）如果在碾压过程中出现粗细料集中现象，也要将其挖出后重新掺入水泥搅拌均匀，再摊铺碾压。

4.2.4　二灰土松软、弹软

（1）原因分析

1）二灰土失水过多已经干燥，不经补水即行碾压造成松软现象。

2）二灰土在碾压时洒水过多，碾压时出现“弹软”现象。

（2）防治措施

1）二灰土出场时的含水量应控制在最佳含水量的-1.0%~1.5%之间。

2）二灰土碾压前需检验混合料的含水量，在整个压实期间，含水量必须保持在接近最佳含水量状态，即在-1.0%~1.5%之间。如含水量低需要补洒水，含水量过高需在路槽内晾晒，待接近最佳含水量状态时再行碾压。

4.2.5 混合料强度达不到质检标准

（1）原因分析

混合料压实成型后，任其在阳光下暴晒和风干，没有在潮湿状态下养生。

（2）防治措施

1）加强技术教育，提高管理人员和操作人员对混合料养生重要性的认识。

2）严肃技术纪律，严格管理，必须执行混合料压实成型后在潮湿状态下养生的规定。

3）养生时间一般不少于7d，直至铺筑上层面层时为止。有条件的也可洒布沥青乳液覆盖养生，或者铺装塑料薄膜洒水养护，如图4-4所示。

图4-4　路基养护

4.2.6 基层结构松散

（1）现象

表面板结泛泥而裂纹严重（材料质量问题）。

（2）原因分析

1）级配不合理（有>10cm 砾石）。

2）含泥量过大。

（3）防治措施

1）部分使用人工级配，使材料符合级配标准。采用破碎或拣出>10cm 砾石的方法，使材料粒径<10cm。

2）含泥量大于砂重（粒径<5mm）10%时筛去土粒加入砂粒料，使其符合级配。

4.2.7　表面有严重起皮、压不成板状

（1）现象

基层表面有梅花、砂窝现象（摊铺技术问题）。

（2）原因分析

1）摊铺虚方厚度没有控制好，超过松方系数。

2）摊铺时级配被破坏，摊铺方法不当。

（3）防治措施

1）按规定压实厚度 10~20cm，超过规定可分两层摊铺碾压，或做试验段确定松铺系数。

2）加强找补，及时处理，将梅花（卵石集中）、砂窝（摊铺集中）挖出掺入砂料或砾石翻拌，达到级配均匀密实、平整、无浮砾石。

4.2.8　基层表面有冻冰薄层

（1）现象

基层有轻微酥软，不呈板状（含水量问题）。

（2）原因分析

1）含水量过大。

2）施工温度低，结构未成活受冻。

（3）防治措施

1）晾晒、翻晒或加入生石灰翻拌。

2）选择适合摊铺温度时作业，或加入适量盐水。

3）选择大吨位压路机（15t 以上）追密。

4.2.9 基层面有规律松散裂纹

（1）现象

基层表面平整，但压实度达不到标准要求。

（2）原因分析

碾压机械功率不够或碾压遍数不够。

（3）防治措施

1）改用符合压实厚度的机械或振动压路机。

2）增加碾压遍数或追密。颗粒不大于 10cm，砂砾密度要求为 2.30t/m^3。

4.3 园路面层质量通病

面层位于整个路面结构的最上层，主要包括沥青混凝土面层、水泥混凝土面层。它直接承受行车荷载的垂直力、水平力，以及车身后所产生的真空吸力的反复作用，同时受到降雨和气温变化的不利影响最大，是最直接地反映路面使用性能的层次。因此，与其他层次相比，面层应具有较高的结构强度、刚度和低温稳定性，并且耐磨、不透水，其表面还应具有良好的抗滑性和平整度。

4.3.1 沥青面层质量通病

4.3.1.1 非沉陷型早期裂缝

（1）现象

早期沥青路面出现裂纹，通车后出现裂缝，如图 4-5 所示。

（2）原因分析

1）路面碾压过程中出现的横裂纹，往往是某区域的多道平

图 4-5　非沉陷型早期裂缝

行微裂纹，裂纹长度较短。

2）因基层（石灰土）在施工时没有伸缩缝，干缩和冻缩引起裂纹。

3）基层和路基强度不足引起裂缝。采用半刚性基层材料作沥青路面，通车后半年以上时间会出现近似等间距的横向反射裂缝。

（3）防治措施

1）为了防止产生横向裂纹，在沥青混合料摊铺碾压中要做好以下工作：沥青混合料的松铺系数宜通过试铺碾压确定，掌握好沥青混合料摊铺厚度，宜采用全路宽多机全幅摊铺，以减少纵向分幅接槎；严格控制摊铺和上碾、终碾的沥青混合料温度，施工组织必须紧密，大风和降雨时停止摊铺和碾压，同时严格按碾压操作规程作业；双层式沥青混合料面层的上下两层铺筑，宜在当天内完成。如间隔时间较长，下层受到污染，铺筑上层前应对下层进行清扫，并应浇洒适量粘层沥青。

2）为了防止产生纵向裂纹，施工人员需按《沥青路面施工及验收规范》GB 50092—1996 做好纵缝接缝。纵缝要尽量采取直槎热接的方法，摊铺段不宜太长，一般在 60~100m 之间，于当日衔接，当第一幅摊铺完后，立即倒至第二幅摊铺，第一幅与第二幅搭接 2.5~5.0cm，然后再退回碾压。不是当日衔接的纵横缝上冷接槎，要刨直槎，涂刷粘层边油后再摊铺。横向冷接槎，可用热沥青混合料预热，即将热沥青混合料敷于冷接槎上，厚 10~15cm，宽 15~20cm，待冷接槎混合料融化后（5~10min），再清除敷料，进行搂平碾压。或用喷灯烘烤冷接槎后立即用热沥青混合料接槎压实。

3）在设计和施工中采用下列措施，防止石灰土等半刚性基层的收缩裂缝：控制基层施工中压实时的含水量，采用 0.9×最佳含水量的含水量监控时，可降低其干缩系数；设计中，在半刚性基层上，加层厚≥10cm 的沥青碎石，或厂拌碎石联接层，可降低裂缝向沥青混合料面层的反射程度；在半刚性基层材料层中，掺入 30%~50%的 2~4cm 粒径的碎石，可减少收缩裂缝，并提高碾压中抗推拥的能力；对半刚性基层碾压后潮湿养护，随气候湿度不同，至少 5~14d 为宜。

4）控制沥青混合料所用沥青的延度，或进行低温冷脆改性。拌制沥青混合料时，防止加热过度，避免沥青混合料“烧焦”。现场施工人员严把沥青混合料进场摊铺的质量关，凡发现沥青混合料不佳、骨料过细、油石比过低、炒制过火、油大时，必须退货并通知生产厂家，严重时可向监理或监督报告。

4.3.1.2 沥青面层出现推拥、松散、露骨

（1）现象

沥青面层出现推拥、松散、露骨现象，且防渗性及吸声性能较差。

（2）原因分析

1）施工时没有控制好沥青用量，且压实度未达到标准，如

图 4-6（a）所示，造成沥青面层出现推拥、松散、露骨现象。

2）车行道路沥青路面沥青混合料类型不合理，面层选用的沥青混合料级配和配合比不合理，对沥青混合料的级配控制不够严，混合料粒径较大，雨水渗到沥青面层中而排不出去，这样在汽车的荷载及温度变化作用下沥青面层会发生破坏。合理沥青混合料级配下的沥青路面如图 4-6（b）所示。

(a)　　(b)

图 4-6　沥青混合料级配对沥青路面的影响

（a）推拥，松散；（b）合理级配下沥青路面

（3）防治措施

1）施工时要控制好沥青用量，对沥青混合料的配合比要严格控制，减少运输和摊铺过程中造成的粗细颗粒离析，提高面层的压实度。

2）根据相关沥青路面设计规范，沥青面层除应满足车辆的使用要求外，还应满足雨水不渗等要求，宜选用粒径较小、空隙较小的级配混合料，尽量采用小粒径沥青混凝土，以提高沥青路面面层的防渗性。

4.3.1.3　沥青路面边缘烂边、平石啃边

（1）现象

沥青路面摊铺完成，通车后不久出现边缘烂边、平石啃边现象，如图 4-7 所示。

（2）原因分析

1）沥青混凝土摊铺后，平石边没有碾压到位，没有及时修

图 4-7　烂边现象

边，使沥青散乱。

2）碾轮碰到平石，使平石出现啃边破损现象。

（3）防治措施

1）沥青混凝土摊铺后，平石边要碾压到位，在碾压完成后应采用热墩锤或平板振动夯实平石边的沥青混凝土，并及时修整边线。

2）压路机碾压时应尽量不要碰到平石，对啃边严重的平石应及时更换。

4.3.1.4　沥青路面出现松散、脱皮、麻面现象

（1）现象

施工完成后或通车一段时间，沥青路面出现松散、脱皮、麻面现象，如图 4-8 所示。

（2）原因分析

1）粘层油喷洒不均造成脱皮。

2）沥青面层本身油料不均，造成骨料重叠引起脱皮。

（3）防治措施

1）将脱皮处挖出重新喷洒粘层油补修面层。

2）在施工过程中发现此现象及时补喷粘层油，调整厂家、运输机械搅拌方法，保证现场材料均匀。

图 4-8　沥青混凝土面层松散、麻面

4.3.1.5　路面泛油现象

（1）原因分析

配合比偏差，骨料少、沥青油多造成此现象。

（2）防治措施

调整配合比，对泛油部位采用洒铺细骨料（砂、石屑）等，重新碾压至稳定。

4.3.2　水泥混凝土面层质量通病

4.3.2.1　水泥混凝土路面的板中缝（横向裂缝）

（1）原因分析

路面混凝土施工时在板块中部停止，如图 4-9 所示。

（2）防治措施

1）如遇意外原因造成施工暂停，可按相关规范中的胀缝要求处理，并加传力杆。

2）对于涵洞等其他穿过路基的设施，应加强回填夯实，保证压实度。必要时可采用灌水填砂法或在混凝土中加钢筋网。

图 4-9　水泥混凝土路面施工

3）严格控制基层施工质量，消除可能造成路面刚度突变的因素。

4）切缝一定要及时。

4.3.2.2　水泥混凝土路面的胀缝附近裂缝

（1）原因分析

胀缝板及灌缝材料不符合要求及灌缝时间不当。

（2）防治措施

1）保证胀缝施工质量（严格按规范施工），严禁取消端头挡板。

2）保证胀缝板及灌缝材料的质量符合规范要求。

3）灌缝施工必须在缝干燥状态下进行。

4.3.2.3　水泥混凝土路面的龟背状裂缝

（1）现象

水泥混凝土通车一段时间后，路面出现龟背状裂缝，如图 4-10 所示。

（2）防治措施

1）重视原材料质量。不同强度等级、品种的水泥不能混

图 4-10　龟背状裂缝

用，砂石料含泥量不得超过标准，水泥必须经复验才可使用。

2）路基填料尽量采用统一压实度。

3）基层表面严禁凸凹不平，用于基层的钢渣或石灰必须分散稳定或完全消解。

4）保证混凝土施工质量。配合比、振捣及外加剂使用等均应符合规范要求。

5）混凝土养生、切缝及时，严格按规范要求施工。

4.3.2.4　水泥混凝土路面的纵向裂缝

（1）现象

水泥混凝土路面摊铺完成后，路面出现纵向裂缝，如图 4-11 所示。

（2）防治措施

1）从控制不均匀沉降入手，对扩建、山坡或路边有管、线、沟、渠、塘等可能造成路基纵向不均匀沉降的地段，都要认真做好压实工作。

2）对于可能发生塌方、滑移者都要在边坡脚处加设支挡结构，如挡墙、护坡等。

图 4-11　混凝土路面纵缝

3）原地面处理要彻底。新老路堤及山坡填土衔接处，一定要按要求做成阶梯形，并保证压实度。

4.3.2.5　混凝土道路路面龟裂

（1）现象

混凝土路面表面产生网状、浅细的发丝裂缝，呈小的六角花纹，深度 5~10mm。

（2）原因分析

1）混凝土浇筑后，表面没有及时覆盖，在炎热或大风天气，表面游离水分蒸发过快，体积急剧收缩，导致开裂。

2）混凝土中各类用料配合比例不合理，如水泥用量少、含砂量过大等。

3）混凝土在搅拌时水灰比过大以及模板与垫层过于干燥，吸水性大，水分被迅速吸收而导致开裂。

4）混凝土表面过度振捣或抹平，使水泥和细骨料过多上浮于表面而导致裂缝。

（3）防治措施

1）混凝土路面浇筑完成后，应及时用湿润的材料覆盖，认真浇水养护，防止强风和暴晒。在炎热季节里，必要时应搭遮阳篷施工。

2）配制混凝土时，应严格控制各类用料的配比量，并选择合适的骨料级配和砂量。

3）在浇筑混凝土路面时，应事先将基层和模板浇水湿透，避免其吸收混凝土中的水分。

4）干硬性混凝土采用平板振捣器时，应防止过度振捣而引起砂浆聚集表面。砂浆层厚度应控制在 2~5mm 范围内，不必过度抹平。

5）如混凝土在初凝前出现龟裂，可采用镘刀反复抹或重新振捣的方法来清除，再加强保湿养护。

6）如混凝土路面的龟裂对结构强度影响较小，可不予考虑，但必要时应注浆进行表面涂层处理，封闭裂缝。

4.3.2.6　混凝土道路路面横向裂缝

（1）现象

沿道路中线大致向垂直的方向产生裂缝，如图 4-12 所示，这类裂缝，往往在车行产生的温度作用下，逐渐扩展，最终贯穿板厚。

（2）原因分析

1）混凝土路面锯缝不及时，由于湿缩和干缩而产生裂缝。当混凝土连续浇筑长度越长、浇筑时气温越高、基层表面越光滑时越容易开裂。

2）伸缩缝切割深度过浅，横断面没有明显削弱，应力没有释放，因而在临近伸缩缝处产生新的伸缩缝。

3）混凝土路面基础产生不均匀沉陷，导致板底脱空而断裂。

4）混凝土路面的厚度和强度不足，在荷载和温度应力的作

图 4-12　横缝

用下产生裂缝。

（3）防治措施

1）严格掌握混凝土路面的伸缩缝切割时间，一般在抗压强度到 10MPa 左右即可切割，以边口切割整齐，无碎裂为宜，尽可能及早进行，尤其是夏天，昼夜温差大，更需注意。

2）当连续浇捣长度很长，锯缝设备不足时，可在 1/2 长度处先锯缝，之后再分段锯，而在条件比较困难时，可间隔几十米设一条压缝，以减少收缩应力的积聚。

3）保证基础稳定、无沉陷，在沟槽回填区域必须按规范要求做到密实、均匀。

4）混凝土路面的结构层与厚度设计应满足交通需要，特别是有重车、超重车的路段。

5）如发生的裂缝不大，可采用聚合物灌浆法将缝隙封住或沿裂缝开槽嵌入弹性粘合修补材料，起到封缝防水的作用。

6）当路面局部区域裂缝较大、咬合能力严重削弱时，应局部翻挖修补。先沿裂缝两侧一定范围内画出标线，最小宽度不小于 1m，标线应与中线垂直，然后沿缝锯齐，凿去标线间的混凝土，浇筑新混凝土。

7）当路面发生裂缝面积较大、咬合能力严重削弱时，应将整个路基翻挖后重新浇筑。

4.4　道路附属构筑物通病防治

附属构筑物是指道路周边构筑物，包括路边石、人行道板、检查井、雨水井、挡土墙等。这些构筑物一般用来保护道路，使道路畅通，常出现塌陷、松动、开裂或因施工、材料问题产生的通病现象。有关道路附属构筑物详细细部处理及标准化做法见附录 A。

4.4.1　铺砌砖

4.4.1.1　铺砌砖与道牙顶面衔接不平顺

（1）原因分析

铺砌砖与道牙顶面出现相对高差，有的局部高于牙顶，有的局部低于牙顶，一般在 0.5~1.0cm 之间。

（2）防治措施

1）如果先安装道牙，要严格控制牙顶高程和平顺度，当砌方砖步道时，步道低点高程即以牙顶高程为准向上推坡。

2）如果先铺砌方砖步道，也应先将道牙轴线位置和高程控制准确，步道低点仍以这个位置的牙顶高程为准，在安装道牙时，牙顶高程即与已铺砌步道接顺。

4.4.1.2　铺砌方砖塌边

（1）原因分析

靠近牙背处的方砖下沉，特别是步道端头，在路口八字道牙背后下沉现象较多，砂浆补抹部分下沉碎裂，出坑，如图 4-13 所示。

图 4-13　方砖塌陷

（2）防治措施

凡后安装道牙部分，牙前牙背均应用小型夯具在接近最佳含水量下进行分层夯实。

4.4.1.3　纵横缝不顺直，砖缝过大

（1）原因分析

1）在纵横缝上出现 10mm 以上的错缝和明显弯曲。

2）在弯道部分，也依曲线铺砌，形成外侧过宽的放射状横缝。

（2）防治措施

1）水泥混凝土方砖步道，要根据路的线形和设计宽度，事先做出铺砌方案，做好技术交底和测量放线；为了纵横缝的直顺，应用经纬仪做好纵向基线的测设，依据基线冲筋，筋与筋之间尺寸要准确，对角线要相等。

2）单位工程的全段铺砌方法要按统一方案施作，不应“各自为政”。

3）弯道部分也应该直砌，再补边。

4.4.2　砌体

4.4.2.1　砌体砂浆不饱满

（1）现象

主要表现在块石、片石块体之间有空隙和孔洞，如图 4-14 所示。

图 4-14　块石、片石块体之间空隙较大

（2）防治措施

浆砌块石、片石应坐浆砌筑，立缝和石块间的空隙应用砂浆填捣密实，石块应完全被密实的砂浆包裹。同时砂浆应具有一定稠度（用稠度仪测定为 3~5cm），便于与石面胶结。严禁干砌灌浆。

4.4.2.2　砌体平整度差，有通缝

（1）原因分析

砌体外露面高低不平，超出平整度标准要求。有两层以上的通缝。

（2）防治措施

1）应注意选择一侧有平面的石料，片石的最小边长不应小于 15cm，块石宽、厚不应小于 20cm，以保证砌筑稳定。

2）应丁顺相间压缝砌筑，一层丁石，一层顺石，至少两顺一丁。丁石应长于顺石的 1.5 倍以上，上下层交叉错缝不小于 8cm。

3）当日砌筑高度不得大于 1.2m。

4）测量放线人员，应随时检查砌筑面（立面、坡面、弧面）线位的准确度。

4.4.3 立道牙（路缘石）和侧石

4.4.3.1 立道牙基础和牙背填土不实

（1）原因分析

基础不实和牙背回填废料、虚土不夯实或夯实达不到要求的压实度，竣工交付使用后即出现变形、下沉、高低不平，如图 4–15 所示。

图 4–15 立道牙高低不平

（2）防治措施

1）道牙基础应与路面基层以同样结构摊铺，同步碾压；槽底超挖应夯实。

2）安装道牙要按设计要求，砂浆卧底，并将道牙夯打使其基底密实。

3）按设计和标准要求，后背要填宽50cm、厚15cm石灰土，压实度达90%以上。

4）道牙体积偏大一点，道牙块偏长些，容易安砌稳定直顺。

4.4.3.2　道路路边侧石、路牙、台阶出现松动现象

（1）原因分析

1）基层填筑前未对基底进行处理或处理不当。

2）基层填料选择不当或基础层次结构施工不规范。

3）其他因素，如车辆碾压致道牙、路牙等松动。

（2）防治措施

1）基层填筑前应对基底按设计要求进行处理，清除基底表面的杂草、有机土、种植土及垃圾等以及对土层松软的区域进行加固处理。

2）安放路牙、侧石的结合层，一般采用1∶3水泥砂浆2cm，M10水泥砂浆勾缝，路牙、侧石背后要灰土夯实，宽度为50cm，厚度为15cm，压实度为90%以上。

3）安放台阶和蹬道条石时，要基础砂浆找平，平稳安放，按设计的规格进行施工，杜绝小规格条石安放。

4）台阶和踏步如设计中需要外贴饰面材质时，应采用1∶3水泥砂浆胶结，并杜绝水泥砂浆粘结层有空隙。

5）防止车辆碾压道牙、路牙等。

4.4.3.3　侧缘石缝宽不均匀、勾缝砂浆颜色不统一

（1）现象

侧缘石砌筑时，缘石之间的缝隙有大、有小，很不均匀，且勾缝砂浆颜色与缘石颜色不统一，影响外观效果。

（2）原因分析

1）侧缘石砌筑的缝宽，在设计上没有规定，工人施工时没有控制缝宽的标准，而是根据自己的意图施工，使缘石间缝宽不均匀。

2）勾缝所用的水泥砂浆未按缘石的颜色进行配置，导致两者间颜色有差异。

（3）防治措施

1）侧石砌筑的缝宽，在设计上没有规定，但从美观和养护管理的角度考虑，缘石之间留有 1cm 的间隙较好。为解决砌筑时缝宽不均匀，应采用 ϕ10 圆钢筋作标准插件，侧缘石铺设时在两缘石之间插入 ϕ10 圆钢筋来控制缝宽，铺设好后抽出钢筋，并用 M10 水泥砂浆勾缝。

2）水泥砂浆勾缝时应根据缘石的颜色配置成同色或相近颜色的水泥砂浆进行勾缝。

4.4.3.4 转角处侧缘石接缝呈三角形

（1）现象

对于道路交叉或者转角处的侧缘石间的接缝，内侧缘石直接连接，缝隙很小，外侧接缝很大，大概 2cm 以上，从表面看呈三角形，并且缘石间的砂浆胶结不完全，不符合规范，不美观。

（2）原因分析

1）施工时没有拉线定位或定点有误；

2）施工时没有根据现场情况进行异型加工。

（3）防治措施

1）必须精心施工，坚持拉线定位，放样施工，弯道处应坚持“多放点，反复看”的原则。

2）先预放侧缘石并用画笔在缘石上画出需要异型加工的切割线，角度大小视各个转角的不同而定，然后进行机械切割、安放施工。

4.4.4 铺面板材

4.4.4.1 铺面板材或混凝土砖出现沉降、开裂现象

（1）现象

铺面板材或混凝土砖铺设的道路和铺地，经过一段时间的

使用，有时会发生不同程度的沉降、开裂现象。

（2）原因分析

1）基层层次结构的做法不正确或基层强度不足。

2）铺面板材或混凝土砖的接缝处无防水功能或防水未做好，由于雨水下渗和冲刷，致使垫层流失而造成铺面板材或混凝土砖的沉降、开裂。

3）在不易行车的园路或铺地上行车，造成铺面板材或混凝土砖的沉降、开裂。

4）各种管线的铺设，使土基和基层难以有效压实，导致日后发生沉降。

（3）防治措施

1）提高基层材料的强度和水稳定性。可用石灰粉、煤灰粒料作为基础，再以石砾、砂或干拌水泥砂或混凝土做垫层，再在其上铺设混凝土砖或铺面板材。

2）禁止在不易行车的园路或铺地上行车、停车，如需要临时行车、停车时，其结构层厚度应适当增加。

3）应严格遵循先铺设管线、后土基、基层，再铺面的顺序施工。

4）如发生铺面板材或混凝土砖沉降、开裂时，应在沉降、开裂的地方进行翻挖，重新做基层或垫层，并调整破损的铺面板材或混凝土砖。

4.4.4.2　铺面板材或混凝土砖松动冒浆

（1）现象

行人在园路或铺地上行走时，出现铺面板材、混凝土砖翘动、不稳，且有雨后冒浆、溅水的现象。

（2）原因分析

1）铺面地板或混凝土砖与基础之间的粘结层，未采用水泥砂浆，而用黄砂或石硝替代，使上下层间失去粘结性；铺设铺面板材或混凝土砖时，水泥砂浆过干或过湿或已初凝，影响上下层间的粘结性，也会使铺面板材或混凝土砖松动。

2）用干拌水泥砂作为粘结层时，铺设铺面板材或混凝土砖时未适当地敲振，达不到密贴固定。

3）铺面板材或混凝土砖的板块间的接缝处无防水功能或防水未做好，由于雨水下渗和冲刷，致使垫层流失或走动，造成铺面板材或混凝土砖翘动，且有雨后冒浆、溅水的现象。

（3）防治措施

1）如采用水泥砂浆为铺面板材和混凝土砖与基础的粘结层时，砂浆要做到随拌、随用、随铺，防止时间过长，避免砂浆凝结或流动性不够，以确保铺面板材或混凝土砖平整密贴，与基层良好地粘结。

2）严格遵守施工工艺规程，精心施工，确保砂浆粘结层与铺面板材或混凝土砖的施工质量。做到“砂浆准确配比，铺面板材或混凝土砖坐浆敲振”等工序，并要注意成品保护，刚刚完成的园路、铺地上禁止行人或行车，达到一定强度后方可使用。

3）如采用在垫层上直接铺设铺面板材或混凝土砖时，基础要平整、密实，垫层厚度要均匀，垫层材料可采用石硝，其抗冲刷性较黄砂好。

4）如发生铺面板材或混凝土砖松动、冒浆时，翻掉松动的铺面板材或混凝土砖，凿去1~2cm的粘结层，重新铺砂浆后再铺铺面板材或混凝土砖，若采用垫层上直接铺设铺面板材或混凝土砖的，可将垫层清除或补充，整平后重新铺板材或混凝土砖。

4.4.4.3 彩色铺面板或混凝土砖褪色

（1）现象

彩色铺面板或混凝土砖经过一段时间的使用，面层褪色或鲜艳程度不均匀或有明显的磨损痕迹，影响美观，降低使用寿命。

（2）原因分析

1）彩色铺面板表面应是1.5~2.0cm彩色混凝土，下面为素色混凝土；彩色混凝土砖应是整块为彩色混凝土，但有的产品只在表面有一层薄薄的彩色水泥浆或在混凝土初凝前撒些彩色颜料粉，这类产品不符合质量要求，经不起磨损，很快出现褪色，降低了彩度和明度。

2）无机颜料本身不易褪色，但其与胶结料粘结的好坏，会影响其色泽，且由于彩色混凝土的强度低，不耐磨而褪色。

3）铺面材料被泥、灰尘污染，特别是酸碱性物质的腐蚀，使彩色铺面板和混凝土砖褪色。

（3）防治措施

1）加强对彩色铺面板和砖成品的质量控制，严格按规定要求加工生产，确保彩色混凝土的厚度。

2）必须保证彩色混凝土的强度，严格控制振捣时间，成品采购应选择有信誉、质量有保证的生产商。

3）经常清扫，避免酸碱性物质的腐蚀，保持铺面板和混凝土砖的洁净。

4.4.4.4　铺面板或混凝土砖灌缝不饱满

（1）现象

铺面板材或混凝土砖的缝隙中，黄砂或石屑等填充料填塞不足，或根本没有填充料，导致铺面板材或混凝土砖松动。

（2）原因分析

1）扫缝填料不足或施工粗糙，造成灌缝不满。

2）填料粒径大，容易堵塞缝隙，影响灌缝密实性，经过一段时间下沉呈未满状态。

3）经雨水冲刷，使填料流失，造成灌缝不满。

（3）防治措施

1）重视填缝工序，确保所需工日和填料数量，做到认真灌缝、扫缝。

2）灌缝填料粒径要与缝隙的宽度相应，避免上满下空的情况发生。

3）加强养护管理，并及时补填填充料。

4.4.4.5　块料铺面的纹理及材料色差变化大

（1）现象

园路或铺地的铺面石材、铺面砖、冰纹路、乱石路、拼花地纹的纹理混乱，不自然，与设计要求差异较大且材料的色差较大。

（2）原因分析

1）没有严格按照施工图施工，图形混乱，差异较大。

2）选配的材料质量较差，色差较大。

3）分批采购材料或由多家生产商提供，使材料色彩无法统一。

4）对特殊的饰纹未进行小样试验。

（3）防治措施

1）施工前应编制详细的施工组织设计，并按有关规范施工。

2）采购材料时应选择有信誉、质量有保证的生产商。

3）铺面石材、铺面彩色混凝土砖、陶瓷锦砖等材料采购时，应一次性采购且应由同一家生产商提供，颜色应按设计要求统一。

4）按照设计的图案花纹施工，必要时进行小样施工，如设计中没有明确纹理图形的，应采用渐变的方法处理（如陶瓷锦砖、碎料铺面等）。

4.4.5　植草格、植草砖

4.4.5.1　植草格、植草砖在汽车长时间的碾压下，出现沉陷、积水

（1）原因分析

1）施压的汽车载重过大，超过植草格、植草砖及基础的承载力，造成不均匀沉陷，并导致面层不平整而引起积水现象。

2）植草格、植草砖的基础未设计排水或排水不通畅。

3）草坪格易发生热胀情况，固定不牢固时易发生松动、变形。

（2）防治措施

1）在铺设基础结构层时，特别要注意保证有足够的渗水性，结构层的承载力和厚度应符合所需要承载的负荷。

2）铺设植草格、植草砖前，需做好基础排水处理，严格按设计要求施工，并在基础结构层上铺设一层 2～3cm 厚的砂混合物，有利排水。

3）植草格安装时，为使其很好地固定安装在地基上，底部应交错排列，在整块区域外围加收边或者用固定钉将其固定，并为了避免植草格可能发生热胀的情况，应在每块植草格之间预留 1.0～1.5cm 的缝隙。

4.4.5.2　植草格、植草砖内草皮长势不佳或死亡

（1）现象

众多停车区是由植草格或植草砖建造的，其内铺设的草皮（尤其是植草砖内的草）经过一段时间后，草皮长势不佳或死亡。

（2）原因分析

1）由于结构层的特殊性，其保水、保肥性不强，经常发生草皮由于缺水而死亡的现象（尤其在夏季），同时在维护方面有一定难度，修剪较困难。

2）由于经常在上面承载重负荷，造成不均匀沉陷，使面层不平整，引起积水而导致草皮死亡。

3）由于汽车长期碾压，导致草皮受损乃至死亡。

（3）防治措施

1）结构层施工时，注意做好排水施工，避免积水现象产生。

2）做好结构层的处理，最大限度地考虑所能承载的负荷，或避免超负荷的车辆停放；以免产生不均匀沉陷而引起积水。

3）考虑到停车场的特殊性，在草皮品种上选择耐碾压、耐

践踏的草种。

4）加强养护管理，及时做好排水和补植草皮。

4.4.6 卵石园路中鹅卵石脱落

（1）现象

鹅卵石饰面的园路、铺地等，出现鹅卵石不同程度的脱落现象，如图 4-16 所示。

图 4-16　部分鹅卵石脱落

（2）原因分析

1）砂浆铺设厚度不够，鹅卵石截面大部分显露在外部，结合力较差。

2）鹅卵石没有清洗干净，杂质较多，使鹅卵石与砂浆层不能充分、有效地胶结。

3）砂浆结合层的混凝土配合比达不到要求，使鹅卵石与砂浆层结合力较差。

（3）防治措施

1）施工时先夯实素土层，铺设混凝土后，胶结层厚度应大于鹅卵石的粒径，放置鹅卵石时，要将鹅卵石压实至深度 70%

为宜。

2）鹅卵石安放前应清洗干净，避免杂质影响鹅卵石与砂浆的结合力。

3）严格按照设计要求规范施工，砂浆结合层的混凝土配合比应符合要求，并在施工完毕后，应用清水将鹅卵石清洗干净。

4.4.7　洗米石施工粗糙

（1）现象

洗米石饰面的花坛、水池壁、园路等施工工艺粗糙，主要由于石子未按施工工艺进行擦洗，致使大部分洗米石嵌在水泥粉中，或者在水泥粉未稍干时就急于擦洗，致使石子脱离而不均匀、稀疏，效果不理想，如图 4-17 所示。

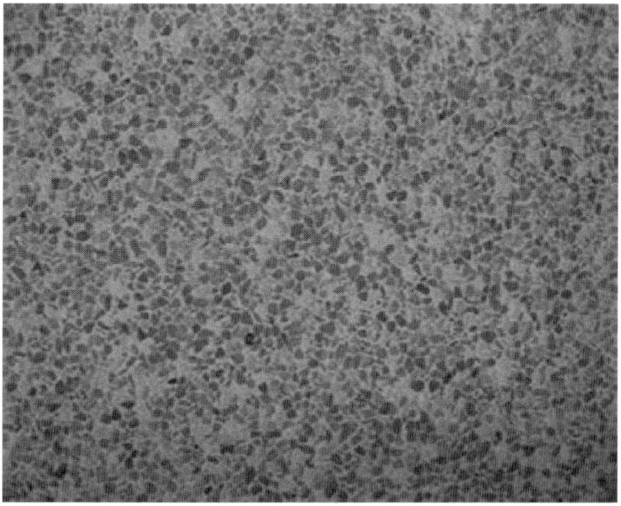

图 4-17　洗米石表面粗糙

（2）原因分析

1）施工时未按设计要求做好石子、水泥和石粉的配合比，如水泥和石粉太多，擦洗时又不按工艺施工，使洗米石不能清晰露出。

2）在水泥太干或水泥未稍干时擦拭石子，致使水泥擦洗不掉或石子脱落。

（3）防治措施

1）将颗粒饱满、均匀的石子、水泥和石粉按设计要求的比例配置。

2）擦洗石子时应按施工工艺进行施工，应在水泥表面稍干（50%）时用海绵（含水 1/3）拖洗一次，待水泥 8 成干时再用海绵全面擦洗，以达到石子清晰可见，不见水泥为准；待水泥全干后，再用清水全面冲洗二次，务必使石子表面不留水泥痕迹，如留有水泥，用硬刷子轻刷石子表面。在水泥表面稍干时以软板锯齿刀整平并修补石子稀疏的地方，边角线尤其要注意平整不掉石子。

3）海绵和镘刀在施工中应不断清洗干净，水要勤换。

4）待完全干燥后，清除灰尘，再用水性树脂喷涂于石子面层，以达防水、耐污染功效。

4.4.8 雨水井高出周围路面或绿地

（1）现象

雨水井布置不在最低点，明显高于或者低于周围的路面或绿地，如图 4-18 所示。

（2）原因分析

1）图纸上没有具体、详细地标明雨水井的位置，施工人员在放样时没有按周围道路或绿地标高来设置其位置。

2）雨水井的井圈和井箅的安装，没有以邻近的路面或绿地的标高做依据，没有同步控制，随意性较大。

（3）防治措施

1）图纸设计时应详细、具体标明雨水井的位置，施工人员在放样时应按图施工，并根据现场情况随着路面或绿地的坡度变化而将其设置于最低点。

(a)　　　　　　　　(b)

图 4-18　雨水井高度不合理

（a）雨水井低于路面；（b）雨水井高于路面

2）雨水井的井圈安装时，应以雨水井所处位置周围的路面或绿地标高做依据，并与周围道路路面或绿地标高同步控制，不能有随意性。

3）雨水井的井箅安装时，周围道路路面为混凝土面层时，井箅应低于路面 0.5～0.8cm，周围道路路面为沥青混凝土面层时，应低于路面平石 1～2cm。

4.4.9　检查井与路面或绿地衔接不顺

（1）原因分析

1）图纸上没有具体、详细地标明各类检查井的位置，施工人员在放样时没有按周围道路或绿地标高来设置其位置。

2）各类检查井的井圈和井箅的安装，没有以邻近的路面或绿地的标高做依据，没有同步控制，随意性较大。

3）检查井周围的填土没有夯实，经雨水冲刷后，易发生沉陷。

（2）防治措施

1）设计时应详细、具体标明各类检查井的位置，施工人员在放样时应按图施工，并根据现场情况使井盖与路面或绿地高度及纵横坡度的变化保持一致。

2）各类检查井的井圈安装时，应以各类检查井所处位置的周围道路路面或绿地标高做依据，并与路面或绿地标高同步控制，不能有随意性。

3）各类检查井周围的填土应从沟槽底开始用动力夯实，包括基层部分，凡不易夯实部分，可用低强度等级混凝土进行填筑，避免沉陷。

4）如果有检查井高出或低于周围道路路面或绿地时，应根据现场情况及时升降检查井的标高，保证其与周围道路路面或绿地纵横坡一致。

4.4.10 园路路面积水

（1）现象

路面铺装完成后，路面排水不畅，如图 4-19 所示，严重影响美观和行人安全。

图 4-19 园林路面排水不畅

（2）原因分析

1）现场没有施工雨水井排水设施。

2）现场铺装没有控制好坡度。

3）在设计时没有考虑自然因素对现场的影响（设计失误）。

（3）防治措施

1）现场施工时加强管理，注意质量检测，保证排水坡度在质量偏差范围内。

2）补砌排水设施。

4.4.11　护坡塌方

（1）现象

园林护坡不牢固，发生塌方，如图 4-20 所示。

图 4-20　护坡塌方

（2）原因分析

1）护坡高处没有设截水沟，因连续降雨，没有导流，使得流水量大，造成此现象。

2）护坡处没有设排水沟，流水冲刷边坡造成护坡滑坡。

（3）防治措施

1）根据地势情况增加排水设施，包括截水沟、导流槽等。

2）石砌护坡增加其强度，保证流水对其无损害。

第 5 章

园林景观电气工程

园林景观电气工程是园林景观工程各项工程的重要组成部分，伴随着信息化、智能化、电气化的发展，对电气工程施工提出了新的要求。园林电气工程往往要求对建筑物内的配电系统、安保监视系统、闭路电视监视系统以及给水排水系统、消防系统、空气调节系统等实行最佳控制和管理。因此，了解园林电气工程的质量通病，及时全面地学习园林电气工程施工技术和方案，对提升园林景观工程整体层次有着重大意义。在园林景观工程中，电气工程主要应用于供电和照明两方面。

5.1 园林景观电气工程的特点

5.1.1 供电工程

供电工程在园林景观工程中主要应用于低压配电和弱电工程。相较一般建筑工程中的电气设备，园林景观中的供电工程具有供电面积大、用电分散、负荷量较小等特点，因此，园林景观工程中的供电设计与一般建筑工程存在一些不同。

(1) 配电系统

用电量大的绿地可设置 10kV 高配，由高配向各 10kV/0.4kV 变电所供电；用电量中等的绿地可由单个或多个 10kV/0.4kV 变电所供电；用电量小的绿地可采用 380V 低压进线供电。绿地内变电所宜采用箱式变电站。

一般来讲，供电区域的长宽每 400m 左右设置一个箱型变压器。如果有大型耗电建筑则根据需求增设变压器，或配建变电所。绿地内应考虑举行大型游园时的临时增加用电的可能性，在供电系统中应预留备用回路。供电线路总开关应设置漏电保护。

（2）电力负荷

园林景观工程的常用主要电力负荷一般分为两级：省市级及以上的园林广场及人员密集场所、地区级的广场绿地。照明系统中的每一单独回路，不宜超过16A，灯具为单独回路时数量不宜超过25个，组合灯具每一单相回路不宜超过25A，光源数量不宜超过60个。建筑物轮廓灯每一单相回路不宜超过100个。

（3）弱电工程

一般园林景观工程内宜设置有线广播系统，大型工程内宜设公共电话。除《火灾自动报警系统设计规范》GB 50116—2013指定的建筑外，文物保护古建筑也应作为一级保护对象，设置火灾探测器和自动报警装置。绿地内的电缆应该采用穿非金属性管埋地敷设，电缆与树木的平行安全距离应符合以下规定：古树名木3.0m，乔木树主干0.5m，灌木丛0.5m。线路过长、电压降低难以满足要求时，可在负荷端采用稳压器升高并稳定电压至额定值。

5.1.2 照明工程

园林景观照明工程既有照明功能，又兼有艺术装饰和美化环境功能，照明工程的设计及灯具的选择应在设计之前做一次全面细致的考察，可在白天对周围的环境进行仔细观察，以决定何处适宜于灯具的安装，并考虑采用何种照明方式最能突出表现夜景。

无论何种园林灯具，其光源目前一般使用的有汞灯、金属卤化物灯、高压钠灯、荧光灯和白炽灯。绿地内主干道宜采用节能灯、金属卤化物灯、高压钠灯、荧光灯，休闲小径宜采用节能灯。

景观灯具根据用途可分为投光灯、杆头式照明灯、低照明灯、埋地灯、水下照明彩灯。投光灯可以将光线由一个方向投射到需要照明的物体，如建筑、雕塑、树木之上，能产生欢快、愉悦的气氛；杆头式照明灯用高杆将光源抬升至一定高度，可使照射范围扩大，以照全广场、路面或草坪，如图 5-1 所示；低照明灯主要用于园路两旁、假山岩洞等处；埋地灯主要用于广场地面；水下照明彩灯用于水景照明和彩色喷泉。

图 5-1　艺术装饰功能的灯

5.2　焊接处理质量通病及防治

（1）现象

电气工程安装时离不开焊接技术，焊接缺陷的存在会对安装工程的质量产生重大影响，甚至直接涉及工程的正常使用和安全运行。在焊接过程中会出现的主要问题有：避雷带焊接处不刷防锈漆，用螺纹钢代替圆钢作搭接钢筋，搭接焊焊渣存留、咬边、转弯处用电焊烧弯，上墙管与水平进户管网电焊驳接成 90°角等问题。

（2）原因分析

电焊工作人员素质不高，责任心不足；新技术、新工艺、新设备和新材料陆续出现，监管和技术交底人员工作偏失，操作方法滞后。

（3）防治措施

1）技术和监管人员认真学习《电气装置安装工程 接地装置施工及验收规范》GB 50169—2016，加强对焊工的技能培训，要求做到搭接焊处焊缝饱满、平整均匀，特别是对立焊、仰焊等难度较高的焊接进行培训。

2）增强管理人员和焊工的责任心，及时补焊不合格的焊缝，并及时敲掉焊渣，刷防锈漆。

3）尽可能使用先进机器，如弯管机进行弯管。特别注意预埋钢管上墙的弯头必须用弯管机弯曲，不允许焊接和烧焊弯曲。

5.3 管线铺设质量通病及防治

5.3.1 电缆管多层重叠，有高出钢筋的面筋

（1）原因分析

1）施工人员对有关规范不熟悉，工作态度马虎，贪图方便，不按规定执行。施工管理员管理不到位。

2）景观设计布置和电气专业配合不够，造成多条管线在同一狭窄的平面通行。

（2）防治措施

1）管理人员要熟悉有关规范，从严管理；加强对现场施工人员施工过程的质量控制，对工人进行针对性的培训工作，正确的进户电气管道铺设如图 5-2 所示。

2）电线管多层重叠一般出现在高层建筑的公共通道中，建议园林景观最好采用公共走廊方式，这样电力专业的大部分进户线可以通过敷设的线槽直接进户，也可以采用加厚公共走道楼板的方式，使众多的电线管得以隐蔽，电气专业施工人员布管时应尽量减少同一点处线管的重叠层数。

3）电线层不能并排紧贴，如施工中很难明显分开，可用小

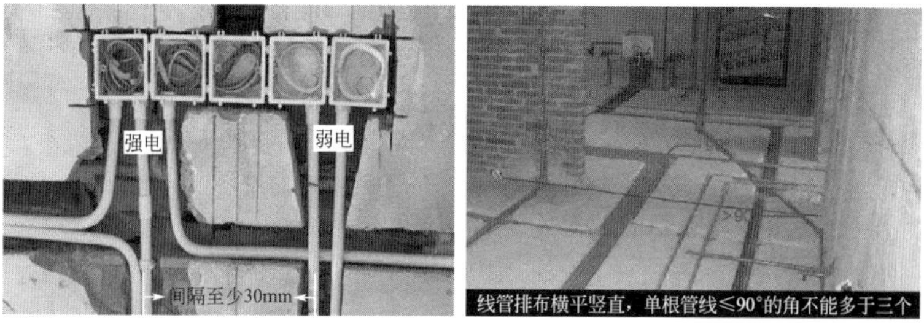

图 5-2　进户电气管道铺设方式

水泥块将其隔开。

5.3.2　电线管离砖墙表面的距离小于 15mm

（1）原因分析

没有按照规范设计和预埋管线，现场施工随意。

（2）防治措施

1）在施工前加强图纸会审，保证墙体管线预埋。

2）注意埋设管线的半径，保证线缆在暗埋管内穿送光滑、自如。

3）电线管的弯曲半径（暗埋）不应小于管子外径的 10 倍，管子弯曲要用弯管机使弯曲处平整光滑，不出现扁折、凹痕等现象。

5.3.3　多股导线不采用铜接头，线头裸露

（1）原因分析

1）施工人员未熟练掌握导线的接线工艺和技术。

2）材料采购员没有按照要求备足施工所需的各种导线颜色及数量，或者施工管理人员为了节省材料而混用。

（2）防治措施

1）加强施工人员对规范和技能的学习和培训工作。

2）多股导线的连接，应用镀锌铜接头压接，尽量不要做“羊眼圈”状，如做，则应均匀搪锡。

3）在接线柱和接线端子上的导线连接只宜1根，如需接2根，中间需加平垫片，不允许3根以上的连接。

4）导线编排要横平竖直，剥线头时应保持各线头长度一致，导线插入接线端子后不应有导体裸露。铜接头与导线连接处要用与导线相同颜色的绝缘胶布包扎。

5）材料采购人员一定要按现场需要配足各种颜色的导线。

6）施工人员应清楚分清相线、零线（N线）、接地保护线（PE线）的作用与色标的区分，即PA相-黄色，B相-绿色，C相-红色。单相时一般宜用红色，零线（N线）应用浅蓝色或蓝色，接地保护线（PC级）必须用黄绿双色导线。

5.3.4 电缆、母线安装不符合要求

（1）现象

电缆母线安装随意，如图5-3所示。

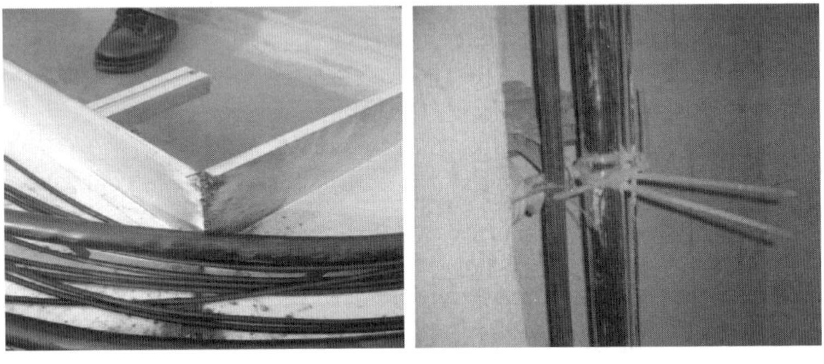

图5-3　管线铺设杂乱无章

（2）质量通病

1）电缆安装后没有统一挂牌，电缆在电缆沟、桥架中敷设杂乱。

2）在竖井中，电缆孔堵封不严密。垂直固定电缆的支架太小、太软、向下倾斜。

3）接线端子（线耳）过大或过小，壁太薄，压接头时破裂。

4）母线的插接箱子安装不平直，各段母线太长，不易运输和安装。

（3）原因分析

1）各电缆施工单位没有协调好，只求自己敷设的电缆能通过即可，没有考虑后续工程。

2）土建单位在封堵强电竖井时，施工人员不掌握封堵的技术，封堵不合格，给电气工程留下隐患。

3）土建单位施工时材料不及格，采购人员不按照标准购买电缆固定支架和接线端子（线耳），给电气工程留下隐患。

4）土建单位留给电气工程单位做强电竖井的面积太小，造成强电竖井布置困难。

（4）防治措施

1）电气工程施工队进场后核对土建单位预留箱体，检查各缆线编号、型号、规格及起止点是否满足现场要求。

2）电气工程施工队要对相关接线口进行封堵，封堵后清理干净。

3）电气工程施工队进场后核对相关线、箱等，若不满足需要，则需要上报监理和项目部人员按规定处理。

5.3.5 室内外电缆沟构筑物和电缆管敷设不符合要求

1. 室外

（1）质量通病

1）电缆沟和混凝土支架安装不平直，易折断。

2）电缆沟、电缆管排水不畅。

3）电缆过路管埋设深度不够，喇叭口破裂、不规则。

4）钢管防锈防腐漆不均匀，密封性不够，特别是管内的防锈、防腐未做。

5）接地极在电缆沟中不平直、松脱，与过路管的搭接不全面、部分管漏焊。

（2）原因分析

1）土建施工单位施工时不认真；混凝土支架预制件老化或没有钢筋作骨，以致承受力不够。

2）电缆沟底没有一定的坡度，也没有按规范做集水坑。现场客观条件不满足排水要求。

3）安装的施工人员责任心不强，有其他专业的管道或井影响电缆管的敷设。

4）没有按要求逐条焊接地极，待全部管埋完再焊接时条件已不允许逐一焊接，只好在喇叭口处焊接凑数。

（3）防治措施

1）土建单位在安装混凝土支架时，应拉线找平、找垂直；其中最上层支架至沟顶距离为150~200mm，最下层支架至沟底距离为50~100mm。应到合格的生产厂家购买合格的混凝土支架，保证有足够的承托力；钢制支架要做好防锈防腐保证。

2）根据《低压配电设计规范》GB 50054—2011的有关规定，电缆沟底部排水沟坡度不应小于0.5%，并设集水坑，积水直接排入下水道；集水坑的做法参考建筑的有关规范，也可以参考吕光大编的《建筑电气安装工程图集》第二版第一册电缆人孔井通用法。当集水坑远离雨水井或雨水井的标高高于电缆沟底时，应对相应的排水系统做对应的调整。因此，在室外综合管网图会审时要认真比较各专业的相关标高。

3）喇叭口要求均匀整齐，没有裂纹。电缆管预埋时要保证深度为0.7m以下；如客观条件不能满足，需要在管上面做水泥砂浆包封，以确保管道不被压坏。

4）电缆管要用厚壁铜管，内外均应涂刷防腐防锈漆或沥青，漆面要均匀；特别是焊接口处，更需做防锈处理。两根电缆管对接时，内管口应对准，然后加短套管（长度不小于电缆管外径的2.2倍）牢固、密封地焊接。

5）电缆沟中的接地肩钢安装要牢固，一般每隔0.5~1.5m安装一个固定端子，沟底高度为250~300mm。在通过过路管时，要分别与各条钢管搭接，搭接处做好防腐防锈处理，若未做防锈处理，如图 5-4 所示，将严重影响工程的使用寿命。为了保证每根钢管能与接地极可靠搭接，在埋管时逐一焊接，不允许把管埋完后才焊接。

图 5-4 管道铺设支架未做防锈处理

2. 室内

（1）质量通病

1）多条电话线在高层建筑的弱电竖井里没有捆扎、分别固定，显得杂乱。

2）DP 箱的线头编号不明显，编号纸牌回潮，字体难辨。

3）电话插座接线松动，电话音质失真。

4）电视天线损坏屏蔽层，电视音像失真。

5）施工中弄脏墙面，施工完毕后没能清洁现场。

（2）原因分析

1）施工人员责任心不强。

2）进场时间较晚，作为专业队伍，从现场条件的具备到为了防止布线被偷，电视队伍一般进场较晚，此时土建的墙面往往已完成粉刷工序，因此他们在施工时易弄脏墙面。

(3) 防治措施

1) 加强对施工人员的管理，与土建专业密切配合，施工安装完毕要清洁现场，保持地面和墙面清洁。

2) 多条电话线在弱电竖井里敷设时，要捆扎成束，并要求在每隔1.5m处固定干线槽内，盖好线槽盖板。

3) 电话线接头要用防潮的接线接头连接，用线钳压紧；电话座接线要小心拧紧螺丝，既要紧固导线又不能压断接线（电话线芯较小）。

4) DP箱里的电话线要整齐排列，每根电话线的线头均用防潮线牌标明回路和房间号码，以方便日后电话安装。

5) 电视天线的屏蔽层在穿管时易被硬物刮破，因此在穿线前应将管清理干净，将管磨滑，穿线时要小心抽拉，以免损坏屏蔽层，确保电视图像、音质的清晰。

5.4 配电箱安装和使用质量通病及防治

配电箱在电气工程安装过程中是普遍适用的一项用于电能分配的仪表，通过该仪表可以实现对电气负载情况的直接控制。配电箱的操作需要在专业的电气工作人员的监督下进行操作，因为其内部的电路原理较为复杂，同时各项设置较为严格。配电箱操作不当容易造成漏电事故或对以后检修带来极大不便。因此在园林电气工程中，配电箱的安全使用十分重要。在安装配电箱过程中主要存在的问题有：配电箱外露接头没有保护、配线混乱、安装随意、接地不规范等，如图5-5所示。

(1) 原因分析

施工人员安全意识和责任意识不强或对导线接线工艺和技术不熟练，管理人员管理不到位。

(2) 防治措施

1) 照明配电箱使用金属箱时，要做防锈防腐处理。箱内出线孔不可用电气焊开孔，要一管一孔，金属箱孔要在穿线之前将防护套装好。线路要排列整齐，管入箱体的位置要合理布局，不要让二层板紧压管上，箱内导线应顺直盘在箱体四周，并绑扎成束整齐，并做好接地，如图 5-6 所示。

图 5-5　配电箱内线路混乱

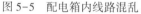

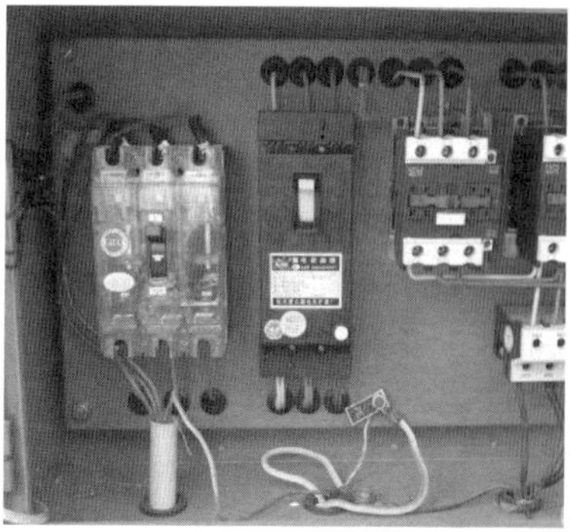

图 5-6　配电箱接地

2）箱体安装时用水准仪校正水平，尽量提高箱体高度，使箱体接地明显，容易被发现；箱体内线头规范排线，避免重复接地，有必要的可增加接地导线截面面积。

3）电线管进入配电箱要平整，露出长度为 3~5mm，管口要用护套并锁紧箱壳。进入落地式配电箱的电线管，管口宜高出配电箱基础面 50~80mm。

第 6 章

园林景观小品工程

园林景观小品工程是园林建设过程中必不可少的组成元素，在古典园林、现代园林中随处可见，为园林景观注入生机活力的同时还能够提高园林景观的观赏性。园林小品是园林中供休息、装饰、照明、展示和方便游人之用及园林管理的小型建筑设施，一般没有内部空间，体量小巧，造型别致。园林小品既能美化环境，丰富园趣，为游人提供文化休息和公共活动的方便，又能让游人从中获得美的感受和良好的教益。关注园林景观小品工程质量通病，对充分发挥小品建筑功能作用有着至关重要的作用。

6.1 假山质量通病及防治

6.1.1 石山山体沉降、裂缝

（1）现象

假山按照施工或设计方法分类能够分为凿山、塑山、筑山和掇山四种；按照假山所用材料的不同分为石山、土山和两者兼有的石土山。掇山是指自然山石掇叠成假山的工艺过程。合理地布置石山，能与绿化、水体等景观相得益彰，如图 6-1 所示。布置不当或发生病害，会严重影响园林景观整体艺术风貌。石山山体比较容易出现的病害有：石山整体或局部沉降，致使假山山体变形、开裂。

（2）原因分析

1）假山基础处理不好，垫底山脚石没有垫平稳，水泥砂浆

图 6-1　石山

没有将缝隙灌实。

2）各石块之间结合不紧密。

（3）防治措施

1）设计假山时，要根据假山本身的荷载量，结合掇山地点的地质勘探报告情况，进行合理的基础结构设计。

2）对于基础层如遇软质断层或基础层立于水中的，则需要进行桩基处理。

3）在基础垫层过程中，山脚石要垫平稳，用水泥砂浆将垫脚石块间的缝隙灌实，各石块之间要紧密啮合，相互连接成整体以承托上面的荷载，垫底的边缘要错落变化，与假山山体相协调。

4）起脚和做脚的做法应选择憨厚实在、质地坚硬、大小相同、形态不同、高低不等的料石，使其犬牙交错，首尾相互连接。

5）在整个施工过程中，应将山体上下堆置的石块紧密啮合，石块结合处的缝隙要填实、灌浆要饱满。

6.1.2 塑石假山山体面层裂缝、脱落

（1）现象

塑山传统施工工艺是用石灰浆塑成假山，现代是用水泥、砖、钢丝网等塑成的假山。塑山由于自身材料和施工工艺特点，塑山常见的质量通病有：面层批荡开裂，修饰层脱落，如图 6-2 所示。

图 6-2 塑山面层开裂

（2）原因分析

1）基础处理不好，出现沉降现象。

2）钢丝网铺设不当，分块过多，相互之间连接不密切。

3）打底及造型选用的混凝土质量太差。

4）上色修饰彩色水泥和 108 胶配比成分达不到标准或产品质量较差。

（3）防治措施

1）在施工中处理好基础，如遇到软质地基或基础层立于水中的，则需要进行桩基处理。

2）钢丝网铺设时尽可能减少分块，应用木槌和其他工具造型。

3）打底及造型选用的混凝土质量应符合设计要求。

4）上色修饰彩色水泥和 108 胶应按照设计配比量进行配比，产品质量应符合设计要求。

6.1.3　土山山体开裂、滑移

（1）原因分析

以土堆成的假山，且能大面积栽植树木的山称为土山。这类假山主要以制作小型假山为主。假山造景过程中常需要堆土山或土丘，土质疏松、堆土压实方法不当、地基地耐力太低都可能造成土体开裂甚至局部滑移现象。

（2）防治措施

在土山假山正式施工前，首先在土山地块测定地基土的承载能力，如下卧土层为淤泥土或其他软弱地基，应计算堆土的单方重量，确保堆土荷载在地基土的承载能力范围以内。如不能满足，就必须先加固地基，并在距堆土边缘线 1.5~2.0m 处，打成排木桩增加土体抗滑能力。其次在堆大型土山或土丘时，应采取环行倒土、堆土、压实法，将土体从外围向中心倾倒压实；填土操作一定要再填 300~400mm 厚度后用 10t 以上的压路机或振动压路机分层压实，即使是种植土层也必须压实，待种植放样后再做局部挖松处理。

6.2　水景质量通病及防治

6.2.1　水景水质污染现象

（1）现象

根据环境建筑需求，通过一定的景观设计手法，将水以各种各样的形式表现出来，使得场地景观协调统一、主题分明，这一过程中营造出的水景表现形式就是园林景观水景。园林景观水景的分类根据营造的方式可分为自然式水景和人工水景。

仿天然水景而形成的众多水景，如溪流、瀑布、养鱼池、泉涌、跌水等，这些水景在园林景观中应用较多，也有完全依靠喷泉设备造景如音乐喷泉、程序控制喷泉、旱地喷泉、雾化喷泉等，这类水景近来被广泛应用。这些水景都为园林景观增添了不少的情趣，但是其水质易恶化、易受到污染。人工湖、人工河道及人工溪流等水体长时间没有处理，形成水质恶化，透明度降低，大量浮游生物死亡，水体浑浊，臭味弥漫，使水体的观赏价值大减，甚至丧失观赏功能。

（2）原因分析

1）水体中污染物过多，没有及时清理。

2）在人类活动的影响下，大量的含氮、磷、钾等的有机物进入水体，引起藻类及其他浮游生物迅速繁殖，水体溶解氧量下降，鱼类及其他生物大量死亡，水质恶化。

3）水体中的水生生物种群少，水中大量的养分无法被消耗。

4）湖或河底淤泥沉积过多，没有及时处理，生成大量的甲烷，使水体变质发臭。

（3）防治措施

1）所有的管道要进行严格的防腐处理，所有的水中管材采用不锈钢或 UPVC 管材，避免锈蚀而污染水质。景观水池设计深度一般为 0.6~0.8m，池底设检修孔，以便于换水清理。

2）在设计中尽可能采用处理后的中水作为水景的水源。每 7~15d 需换水清理一次，完善的中水处理之后，应再增加处理流程，以降低水中 N、P 浓度。

3）避免大量的含氮、磷、钾等的有机物进入水体，雨水、污水需要处理好后方可排入水体，减少水体直接污染源可用药剂如石灰、明矾、聚铝和硫酸亚铁等化学剂，定期对水质进行净化处理，避免水质恶化。水体使用过程中，应做好养护管理工作，及时清理水体中的污染物。

4）合理地配置水体中的水生植物和水生动物，形成生态循环系统，消耗水体中大量的养分，起到自然净化的作用。

5）人工湖、人工河道及人工溪流等水体基底设计时，应尽量做好基底处理，如在底部多放置些砾石，尽可能减少水体中淤泥的含量；如自然基底的湖、河道，应及时做好除淤泥工作。

6.2.2　水生动植物配置不科学

（1）现象

风景园林水景工程施工设计还应合理配置动植物，展现良好的视觉效果，在选择水中生物时，应根据物种分布、当地气候等因素，促进风景园林水景工程的生态平衡。在现有的众多水景区域，注重了水生植物的种植，但忽视了科学种植设计与施工，导致水体没有真正地得到净化处理，影响了水体的水质和整体环境。

（2）原因分析

1）设计时对植物的习性、水位深度、土壤环境、栽植季节、地域环境等没有进行合理的分析就进行配置设计，而导致水生植物配置不合理。

2）施工人员对设计所涉及的水生植物不了解，或者不按设计进行施工。

（3）防治措施

1）设计人员需要对水生植物的习性及生长特性很了解，做到合理地配置水生植物，主要有以下几点：

① 根据不同的水位深度选择不同的植物类型及植物品种配置栽种，因为不同生长类型的植物有不同适宜其生长的水深范围。如植物种植时，应把握这样的两个准则，即“栽种后的平均水深不能淹没植株的第一分枝或心叶”和“一片新叶或一个新梢的出水时间不能超过 4d”。这里说的出水时间是新叶或新梢从显芽到叶片完全长出水面的时间，尤其是在透明度低，水质较肥的环境里更应该注意。

② 根据不同土壤环境条件选择不同的植物品种栽种，如在

养分含量高、保肥能力强的土壤上栽种喜肥的植物类型，而对贫瘠的土壤环境则选择那些耐贫瘠的植物类型；静水环境下选择浮叶、浮水植物而流水环境下选择挺水植物等。

③ 根据不同栽植季节选择不同类型的植物栽种。在设计时，应预料到各种配置植物的生长旺季以及越冬时的苗情，防止在栽种后即出现因植株生长未恢复或越冬植物太弱而不能正常越冬的情况。因此，在进行植物配置时，应该先确定设计栽种的时间范围，再根据此时间范围及植物的生长特性，进行植物的配置。

④ 根据不同的地域环境选择不同的植物进行配置。在进行植物配置时，应以乡土植物品种为主，而对于一些新的外来植物品种，在配置前，应参考其在本地附近区域的生长情况后再确定，防止盲目配置而造成的施工困难或适应性差等情况。

2）施工人员在进行施工时，需对设计所涉及的水生植物有相关地了解，有些施工人员对有些植物名称都是头一次听到，更谈不上对它的习性了解，因此施工时没有按相应的要求进行施工，所以只有对植物特性方面做到相当了解才能理解设计意图和更好地完善植物配置。

6.2.3　喷泉喷射流量不稳定

（1）现象

喷泉在使用过程中，常常会出现喷头水柱达不到设计高度，或者压力不稳定，时高时低等现象。

（2）原因分析

1）有关管道阀门系统、动力水泵系统、微电脑控制系统等使用的设备质量不符合要求。

2）供水管供水不足。

3）管道安装完毕后，没有认真检查并进行水压试验就安装喷头。

4）电力供电不足。

（3）防治措施

1）设计时对管网吸水管、供水管、补给水管、溢水管、泄水管及供电线路等工艺设计，在施工图中应详细说明，特别是总供水量、总排水量、电力供应总容量要与其他相关设计结合。

2）设计时对于环形管道最好采用十字形供水，组合式配水管宜采用分水箱供水，让其获得稳定的喷流。

3）施工前对所有的管道必须进行防腐处理，避免管道生锈后堵塞，影响水流。

4）安装前必须对喷头喷洒角度进行预置，根据设计要求选择喷嘴，喷头与支管连接最好采用铰接接头或柔性连接，可有效防止机械冲击，同时，采用铰接接头，还便于施工时调整喷头的安装高度。所有的管道接头要严密，安装必须牢固。

5）对管道阀门系统、动力水泵系统、微电脑控制系统等使用设备，应严格选择好的生产厂家，控制好质量。

6）所有电力和照明线路，必须采用防水电缆以确保供电安全，总供水量、总排水量、电力供应总容量等要符合设计要求。

6.2.4 渗水

水景渗漏问题是比较大的施工难点，是所有水景的一个通病，尤其项目的水景面积较大，容易造成局部渗漏。针对防渗漏问题，要求水景采用 P6 抗渗钢筋混凝土结构，结构采取整体一次浇筑完成，严禁出现分次浇筑，一次成型能最大限度避免施工裂缝的产生。钢筋混凝土结构浇筑完成后，由专人负责定期洒水养护等措施。水景结构防水，采用聚氨酯防水涂料进行涂膜 2 遍，水景蓄水结构范围内，做到不漏涂膜，特别对阴角采取多遍涂膜，涂膜厚度不小于 2mm，待涂料涂膜完成后，采用 20mm 厚 1∶3 水泥砂浆覆盖，对涂膜进行保护。防水混凝土与防水抹面砂浆在施工过程中一定要仔细辨别。

6.3 湖、河道驳岸

驳岸是建于水体边缘和陆地交界处，用工程措施加工而使其稳固，以免遭受各种自然因素和人为因素的破坏，保护风景园林中水体的设施。

6.3.1 驳岸岸线偏位

（1）现象

驳岸压顶外侧边线和河道规划线不吻合，或者将基础（承台）外侧边线误认为驳岸岸线。

（2）原因分析

1）岸线控制桩产生移动，施工前未复核校测。

2）缺少放样复核制度而造成放样误差。

3）曲线地段的岸线放样凭经验、目测和直觉，未用仪器精密测量。

（3）防治措施

1）压顶外侧边线的控制桩应妥善保管，并引出控制线的标志，经常观察控制桩周围的环境动态，防止推土机或其他大型机械作业时碰撞而发生走动。

2）测量放样都必须做到“有放必复”，分别有专人负责，并应对测量标志、控制桩进行定期复核，计算资料应有专人核对，原始资料必须妥善保管。

3）遇到有曲线段的驳岸可根据图纸提供的曲线起讫桩号、半径、交角、切线长、外距等数据，利用仪器进行曲线放样。

6.3.2 驳岸绕着基底倒向

（1）现象

驳岸不是直接滑向临水面，而是绕着基底部倒向临水面。

（2）原因分析

1）驳岸背面出现超荷载现象。

2）当驳岸基底部所受到各种力矩超过抗倾力矩时就发生倾倒现象。

（3）防治措施

1）控制墙背面的荷载，避免超载。

2）后倾式驳岸的后倾斜角控制在 75°，保证抗倾力矩不减少。

6.3.3　驳岸沉陷、倾斜、倒塌

（1）现象

驳岸墙身产生较大的裂缝，整体倾斜或下沉，严重时驳岸墙身发生倒塌或断裂。

（2）原因分析

1）地基处理不当。例如：淤泥、软土、垃圾等没有清理干净；地基超挖后回填土未夯实；土质不均匀，又未按规定设置沉降缝，或地基应力超限。

2）基桩持力的承载力与所计算的数据有出入，减弱了基桩承载力，使墙身出现沉陷。

3）驳岸基底所受到的各种力矩超过了其抗倾力矩而发生倾倒现象。

4）在沉降缝不垂直或不设置沉降缝的情况下，当地基不均匀下降时，导致驳岸墙身断裂或倒塌。

5）基础砌筑时经常埋置深度不够，易受浸水或冻胀的影响，减弱了基础的承载力，使墙身出现沉陷。

6）驳岸墙体一次砌筑高度过高或砌筑砂浆强度未达到设计要求时，过早进行墙后填土而导致墙体倾斜或倒塌。

（3）防治措施

1）严格控制基槽开挖的质量，基槽中的淤泥、软土、垃圾等必须清理干净，基槽要做到平整、夯实、排水畅通，如基槽

超挖时宜采用碎石回填或加深基础。

2）地质复杂地段打桩前应进行试桩，并对试桩进行动力测试，要验证承载力是否符合设计要求；地基应力过大时，可加宽基础底面的尺寸，必要时可改用钢筋混凝土基础以增大基础的抗应力（同时可减少基础高度），或通过打基桩提高基础承载力。

3）地质不均匀区域或地基设置台阶时，应设置沉降缝，避免出现不均匀沉降导致裂缝。

4）无论使用机械或人工挖土，禁止在坑基内有超挖现象，如有超挖的现象，应将超挖的土方清除，随后回填黄砂或砾石，如果基坑挖好后无法立即进行下道工序时，应在基底标高以上留 30cm 土，待下一道工序开始时挖掉。

5）在回填土方时，应待砌筑砂浆达到要求后进行，并且墙体高度不宜太高。

6）如发现驳岸沉陷应查明原因，如属地基不良，可将驳岸墙体基础挖开，加宽基础或打入基桩，但新基础必须与原基础连成一体，减少地基应力，防止继续沉陷。

7）对于较小的裂缝可采用墙体注浆办法解决，待沉降稳定后，混凝土表面涂抹砂浆修补，处理时应清除裂缝内的松散混凝土，使坚硬的混凝土骨料露出，凿成深 2~3cm，宽 2~3cm 的凹槽，扫清并洒水湿润，先刷水泥净浆一度，然后用 1：1 或者 1：2 水泥砂浆分 2~3 层涂抹，总厚度为 2~3m，并压光抹平。

6.3.4　人工湖底和驳岸渗水

（1）现象

人工湖、人工河道基底、驳岸由于防渗措施不当，造成水体大量渗漏。

（2）原因分析

1）在设计中对防渗水措施考虑不周或没有具体说明。

2）在施工中，施工方法不规范或施工材料达不到标准，造成湖（河）底、驳岸发生渗水现象。

（3）防治措施

1）设计中除考虑湖（河）底的防渗外，还应考虑驳岸的防渗处理。

① 新建重力式浆砌石墙驳岸时，防水材料应绕至墙背后，做到有效的防渗作用。

② 旧驳岸墙防渗加固时，在原浆砌石挡墙内侧再砌筑浆砌石墙，防水材料应绕至新墙与旧墙之间。

2）施工单位要仔细研究施工图纸，在施工前应编制详细的施工组织设计，并按规定程序由相应部门进行审批。

3）对防水材料的质量要严格把关，并按有关施工规范进行操作，防水膜铺设时需要注意以下事项：

① 基层要平整。防水膜铺设时，垫层应按设计要求做到表面平整，基础土层夯实（压实度≥85%），避免在使用过程中由于基础下沉而造成破坏，对永久性的使用带来不利的因素。

② 驳岸处理。在驳岸的基础部位，宜预留适当的伸缩量，以免驳岸沉降时拉破防水膜，应尽可能保证防水膜柔性层的自由胀缩。

③ 铺设方法。铺设时注意铺贴方向，应根据湖底设计深度，从一边岸顶—湖底—岸顶一次完整铺设到位，减少纵向接头。铺贴时，不可张拉太紧，轻轻扯平。

④ 搭接方法。防水膜其短边接头宜控制在 150～300mm 宽，上下两层和相邻两幅防水膜的接缝应当错开 1/3 幅宽，并且要求上下两层防水膜不得相互垂直铺贴，搭接缝应用密封剂封闭。

⑤ 防水膜上层处理。防水膜上面可采用黏土层或黏土加卵石层，并可适当种植一部分水生植物，这样既可保证湖面水质，还避免了灰污、沙质的沉淀，也不会影响池底清洁度，符合环保和生态的要求。

⑥ 保证土工膜焊接质量，出现虚焊、漏焊时必须切开焊缝，

使用热熔挤压机对切开损伤部位用大于破损直径一倍以上的原材料补焊。

4）保证料石、混凝土砌筑、浇筑的质量。

6.4 建筑材料表观质量

建造园林的材料有木结构、水泥、混凝土、钢筋和石材等，以下对材料的质量及施工问题进行分析。

6.4.1 木结构开裂、变形、起翘等

（1）现象

户外木制品、木构架、木平台等长时间经过风吹、日晒、雨淋，木材易发生开裂、变形、起翘等现象。

（2）原因分析

1）木材发生开裂、变形等现象关键原因在于木材表面水分的蒸发速度要大于其内部，所以木材经过这种长期不断膨胀、缩小的过程，会造成不同程度的变形及开裂等现象。

2）原材料没有按正确的方法进行加工处理。

3）选用的木材质量较差，没有经过防腐加工或防腐加工质量达不到标准。

4）施工安装时没有按有关施工规范操作。

5）没有做好日常维护保养工作。

（3）防治措施

1）设计时应根据不同的木制品置放的位置和使用功能，选择相应的木材。

2）挑选木材时应选择质量上乘且经过防腐加工达标的木材。

3）原材料加工时应采用机械法，改进制材时的下锯法，涂刷防水材料，采用高稳定性处理法，用防水剂进行浸注、加压处理等方法来延缓木材的开裂、变形。

4）正确使用和安装可以最大限度地减少开裂、变形等现象的发生。

5）正确的日常维护保养。可在使用过程中加强维护保养，每年雨期或冬期来临前，使用油漆等防护剂进行保养处理，以减少开裂、变形等现象的发生。

6.4.2　石材锈斑

（1）现象

石材表面留下少量铁质残留物，与空气中的水分、氧气产生氧化反应而生成锈斑。

（2）原因分析

1）深层锈斑：很多石材品种特别是花岗岩都含有一定比例的铁质成分，当这些铁质成分与水和氧充分接触后就会引起氧化反应，生成锈斑。特别容易出现这种锈斑的石材如：美国白麻、山东白麻（小花）等。另外，水泥砂浆中的碱质成分在水的作用下与石材中的铁质成分发生反应，也会形成锈斑。

2）表层锈斑：石材在开采、加工、运输、安装过程中，表面与铁质物质接触后留下少量的铁质残留物，这些铁质残留物会与空气中的水分、氧气产生氧化反应而形成锈斑。

（3）防治措施

1）严格控制选材，包括材料的尺寸、色差、厚度等，加强石材材料的验收。

2）对含铁质成分较丰富的石材品种，建议采用干挂法进行施工，尽量避免湿贴式施工法。

3）尽量避免采用高碱性水泥砂浆作为石材的粘结材料，减少水泥砂浆中的碱质成分与石材中的铁质成分发生反应的机会。

4）避免铁质物体以及酸碱性物质与石材直接接触。

5）表层锈斑处理时，只需用除锈剂在表面涂刷，再用清水冲洗干净，干燥后一定要用优质石材保护剂做好防护处理。

6.4.3 石砌体砂浆不饱满

此现象的防治措施参见 4.4.2.1 小节。

6.4.4 石砌体平整度差、有通缝

（1）原因分析

石砌体原材料不符合设计要求，组砌方法错误，单班砌筑高度过高，砌筑时拉线过长或拉线意外变形。

（2）防治措施

此现象的防治措施参见 4.4.2.2 小节。

6.5 饰面和墙面

6.5.1 墙、柱饰面石材质量差

（1）现象

石材的品种和强度不符合设计要求，石材表面色差大、色泽不均匀，表面有分化层，内部有隐裂纹。

（2）原因分析

1）未按设计要求采购材料，没有检查材料的质量合格检验单，外观质量检查马虎，以致混入不合格产品。

2）石材等级分离不清，优劣大小混杂，实际质量与材料的质量合格证明不一致等。

（3）防治措施

1）按施工图规定的石材质量要求采购。

2）按规定查验材料合格证明或试验报告，必要时抽样复检。

3）对强度等级不符合要求或质地疏松的石材应及时更换。

4）已进场的个别石材，如表面有分化层，应凿除后方可使用。

6.5.2　墙、柱饰面板材空鼓、不牢固、脱落

（1）现象

构筑物外墙、柱贴面装饰板材安装不牢固，有空鼓声音或出现松动现象，易脱落。

（2）原因分析

1）构筑物贴面砖、石板材与墙、柱体砂浆面层粘合不牢，粘合层不密实，有空隙。

2）贴面装饰板材与墙、柱体的粘合层所用材料质量不符合设计要求，以及砌体灰缝过大，砂浆收缩后形成缝隙。

3）贴面装饰板材如石材表面有分化层剥落，表面有泥垢、水锈等影响石材与砂浆的粘结力。

4）没有按照铺浆砌筑施工规范进行操作，而是采用了先铺石材后灌浆，还有采用先摆好石柱后再塞砂浆或干填乱碎石的方法，造成砂浆饱和度低，石材粘结不牢。

5）砌筑砂浆凝固后，碰撞或移动已铺贴的石材，造成脱落。

（3）设计控制

1）应符合国家相关的建筑外墙装饰设计的规定。

2）景观装饰墙设计应选择使用新型无毒、无味、耐久性好、质量稳定可靠的中、高档环保型墙面板或饰面材料。

3）设计中尽可能避免大面积使用墙面板材。

4）设计应充分考虑防渗、防污、防脱落等安全措施，在设计花台、花池、花槽时，应处理好安全及排水问题。

5）对特殊及具有标志性的墙或柱，墙面外贴天然石材，高度应控制在 10m 以内。

（4）防治措施

1）板材饰面施工不宜在外墙砌筑完成后紧跟着进行，需待混凝土初凝后方可进行。

2）粘合层材料质量应符合设计要求，砌体灰缝大小应按设

计要求施工。

3）石砌体所用的石材应质地坚实，无分化层剥落，清除石材表面影响粘结的杂质。

4）花岗石板材贴面工序为：选材试铺—基层焊接钢筋网（作固定板材使用）—试贴—用不锈钢金属丝将板材固定在钢筋网上—校正并用石膏临时固定—灌浆，分层施工，且严格控制灌缝的细石混凝土的水灰比，且石子粒径不宜过大，高度一般掌握在5~7cm，灌缝前必须对墙体用水湿润，同时每次灌缝的深度不可超过板材高度的1/3，最上层灌缝应落口5~10cm，便于上下层混凝土的连接。

5）灌好缝后的板材应严禁碰动，在挂贴第二板时，一定要在下层灌缝混凝土初凝之后再进行，每块板的上下边固定不少于2个点。

6）梁底面、立面的施工：

① 对于洞口顶面（过梁的底面）的花岗石板材贴面施工应注意：梁底宽小于30cm时宜采用水泥砂浆粘贴法施工，梁底宽度大于30cm时宜采用干挂法施工。校正后用石膏临时固定（必要时加临时支撑）。

② 梁底面板材全部干挂安装结束后，在安装立面板材前清除板材与梁底面缝隙间临时固定石膏、残屑，在缝口面用水湿润先刷水泥浆一道，初凝时嵌填1：2水泥砂浆，嵌深30~40mm，与构件表面齐平，等终凝后再进行挂贴（灌浆）立面板材。

③ 立面板材与梁底面板材交角宜做成45°交角，缝隙控制在2mm左右，完成后清理缝隙残浆，注填密封胶。

7）顶面板材的铺设尽可能减少接缝并做排水坡，顶面板材压盖侧面面砖，避免出现朝天缝，板材接缝要密实，采用砖、砌块等多孔材料砌墙时，墙脚处应做防潮层，防止地下水汽进入墙身。

6.5.3　墙面垂直度及表面平整度误差较大

（1）现象

墙表面凹凸不平，平整度和墙面垂直度偏差超过规范规定值。

（2）原因分析

1）砌墙未挂线，砌乱毛石时，未将石块的大面放在上面。

2）砌筑时没有随时检查砌体表面的垂直度，出现偏差后，也未能及时纠正。

3）砌乱毛石墙时，将大块石全部放在外面，里面是小石块，以致墙内灰缝过多，造成墙面向内倾斜。

4）在浇筑混凝土构造柱或圈梁时，墙体未采用加固措施，以致部分石砌体变形挤动，造成墙面倾斜。

（3）防治措施

1）砌筑时认真挂线，在满足墙体里外错缝搭接的前提下，尽可能将石块较平整面朝外砌筑，球形、蛋形石块未经过修凿不得使用。

2）砌筑时认真检查砌体垂直度，发现偏差过大，及时纠正。

3）砌筑乱毛石墙时，应将大小不同块石搭配使用，禁止大石块全部放在外面，里面全用小石块填心的做法。

4）在浇筑混凝土构造柱或圈梁时，必须做好支撑，混凝土应分层浇灌，振捣不宜过度。

6.5.4　饰面石材泛碱吐霜

（1）现象

湿贴天然石材在安装期间，石材板面会出现“水印”一样的斑块，随着镶贴砂浆的硬化和干燥，“水印”会稍微缩小，甚至有些消失，但是，随着时间推移，特别是反复遭遇雨水或潮湿天气，水从板缝、墙根等部位侵入，天然石材表面的水斑逐渐变大，并在板缝处形成片状，斑块局部加深、光泽暗淡，板缝处析出白色的结晶体，常年不退，严重影响外观效果，此种现象称为泛碱现象。

（2）原因分析

1）天然石材结晶相对较粗，存在着许多肉眼看不到的毛细管，花岗岩细孔率为0.5%～1.5%，大理石细孔率为0.5%～2.0%，其抗渗性能不如普通水泥砂浆，花岗岩的吸水率0.2%～1.7%，虽然是较低的，但水仍可通过石材中的毛细管侵入面传到另外一面。天然石材的这种特性及毛细管的存在，为粘结材料中的水、碱、盐等物质的渗入和析出并形成泛碱提供了通道。

2）粘结材料（水泥砂浆）会产生含碱、盐等成分的物质。主要因为砂浆会析出氢氧化钙并跟随多余的拌合水，沿石材的毛细管游离入侵板块，拌合水越多，移动到砂浆表面的氢氧化钙就越多，水分蒸发后，氢氧化钙就存积在板块里。其他，如在水泥中添加了含有Na^{+}的外加剂，或烧结普通砖中含有的Na^{+}、Mg^{2+}、K^{+}、Ca^{2+}、Cl^{-}、SO_4^{2-}、CO_3^{2-}等，遇水溶解，会渗透到石材毛细管里，形成“白华”等现象。所以，粘结材料产生的含碱、盐等成分物质是渗入石材毛细管产生泛碱的直接物质来源。

3）水的渗入。由于墙面接缝用水泥砂浆勾缝，防水效果较差，雨水（或地面水）沿墙体或砂浆层侵入石材板内或在安装时对石材洒水过多等，使水侵入石材板内，并溶入氢氧化钙和其他盐类物质，使其进入石材毛细管形成泛碱。可见，水是泛碱物质的溶剂和载体。

（3）防治措施

天然石材墙面一旦出现泛碱现象，由于可溶性碱（或盐）物质已沿毛细管渗透到石材板内（渗出板表面的可以清除），很难清除，故应着重预防，泛碱发生后可采取以下补救措施：

1）采用挂贴（灌浆）方法施工，工艺的工序流程按常规操作程序不变，但在粘贴之前必须对板材的反面做抗渗处理：先对板材反面清扫浮屑尘土，并用湿布抹干净，然后用 108 胶水泥浆涂刷二度，刷浆后阴干养护不少于 7d，108 胶水泥浆重量配合比一般为 108 胶：水泥 = 0.2：1，刷浆必须均匀且不得漏刷。刷浆稠度以不咬刷帚为宜，不可过稀。

2）做好墙面顶部压顶的防渗漏，一般设计无具体要求。但在实际施工中应杜绝使用水泥砂浆做压顶的做法，因为水泥砂浆压顶面与花岗石贴面容易产生裂缝，从而发生渗漏。正确的做法应该是用板材做压顶；与立面板材交角处做成 45°交角或挑边。交角板缝应留设 1.5~2.0mm，缝中 5mm 深度内的砂浆必须清理干净，最后完成前用密封胶注满。

3）板缝处理：在《建筑装饰装修工程质量验收标准》GB 50210—2018 中规定，镜面天然石板材的接缝宽度如设计无要求时为 1mm。对于外墙挂贴（灌浆）石料板材在顶面无防雨罩设施情况下，接缝宽度宜放宽 1.5 ~ 2.0mm，以便于注填密封胶。挂贴（灌浆）时随即将缝表面 5mm 深度内砂浆清理干净，在最后完成前用同一色的密封胶注填密实，这样并不会影响整体美观。

4）采用优质低碱水泥，降低碱质的含量［$Ca(OH)_2$、NaOH、KOH 的含量不小于 0.6%］或在水泥中加入硅灰类的混合物来提前反应水泥中的碱质。

5）如发生泛碱时应及时对墙体的板缝、板面等全面进行防水处理，防止水分继续入侵，使泛碱不再扩大。

6）如发生泛碱时可使用市场上的石材泛碱清洗剂，该清洗剂是由非离子型的表面活性剂及溶剂等制成的无色半透明液体，对于部分天然石材表面泛碱的清洗有一定的效果。但是在使用前，一定要先做小样试块，以检验效果和决定是否采用。

6.5.5 墙面涂料剥落、龟裂

(1) 现象

使用涂料的墙面，在使用一段时间后会出现涂料成片剥离而脱落或出现龟裂的现象。

(2) 原因分析

1) 涂料的附着力与 PVC（颜填料在干涂层中所占的百分比）含量有关，PVC 在 CPVC 点（颜填料与乳液正好包覆时所占干涂层的重量百分含量）时附着力达到最佳。如涂料配方 PVC 过低、CPVC 过高，涂膜易成片剥离而脱落。

2) 基材不干净，有油脂等污染物存在而未被清除，底漆与基底不相适应，如基底过于光滑等。

3) 当腻子强度低、耐水性差时，腻子易吸水膨胀或失去强度和附着力而导致面层涂料起皮脱落。

4) 底漆涂刷后暴露时间过长，有粉化存在。

5) 基底或腻子碱性过高，泛碱而导致涂膜起皮脱落。

6) 施工时气温过高（大于 35℃）或在有风的天气里涂刷或在低温下涂刷，导致涂膜干燥过快或过慢，成膜不充分而导致涂膜脱落。

(3) 防治措施

1) 调整 PVC 和 CPVC 差值，提高涂膜中刚性颗粒的分布均匀性，施工过程中涂料最好不加水，否则应充分混合均匀。

2) 涂料配方设计时，要求有良好的抗水性、抗碱性，如添加硅胶可大大增强涂膜的抗碱性。

3) 清洁基底，保证基底干燥、清洁、坚固，旧墙面翻新时，铲除所有受影响而失去附着力的污染物，待墙面干透后上涂料施工。

4) 若基材粉化，则选用适合的、强渗透的底漆对其进行封闭。

5) 施工前做好基底防水层，防止水分对涂膜的侵蚀。

6.6　屋面和地面

6.6.1　屋面卷材起鼓

（1）原因分析

基底结构层潮湿，基底面有木屑、灰尘或砂土，表面不平整，粘结材料漏涂或涂刷不均匀，铺贴时未及时将卷材底空气排出，卷材质量不合格。

（2）防治措施

铺贴前应先对基底结构层进行清理，使水泥砂浆找平层或屋面木板基层平整、清洁、干燥；冷底子油涂刷均匀是防止卷材起鼓的关键措施；卷材必须进仓库存放，充分做好卷材防潮工作；铺贴时应注意天气情况，空气湿度在 85% 以上时不宜铺贴，绝不允许雨天、风沙天、大雾天作业；施工前应将卷材表面清刷干净，玛琋脂要涂刷均匀，铺贴时要将卷材底气泡完全赶出，并充分压实压匀。

（3）补救方法

1）直径 100mm 以下的中、小鼓泡可用抽气灌油法处理，在鼓泡两端各用一支大号针管，一支抽气、一支灌入纯 10 号建筑沥青，灌满后将卷材压平并在其上压重物（砖块），2~3d 后移去重物即可。

2）直径大于 100mm 的鼓泡需在泡面做十字切口，擦干基底水分，用喷灯吹干，重新粘贴切口旧卷材，并在其上补粘一块方形新卷材，其边长应比切口端部大 50~60mm。

6.6.2　卷材屋面渗漏

（1）原因分析

节点细部构造做法不合规范；防水材料不合格；防水工程施工完毕，未进行蓄水试验；基层与凸出屋面结构（女儿墙、山墙、变形缝等）的交接处和基层的转角处，找平层未做出圆弧；卷材防水在屋面阴阳角部位，未按规范要求增加防水附加层；卷材收头的端部张口或固定后未用密封材料嵌填封严。

（2）防治措施

1）防水工程施工前，必须对施工操作人员做详细的技术交底，并附有明确的节点细部构造做法图。

2）项目部在施工前应编制防水工程的专项施工方案或技术措施，施工方案或技术措施应具备可操作性、可检查性。

3）防水材料进场后，应经抽检复验合格后方可使用。

4）防水工程施工完毕，应进行蓄水试验并形成记录。

5）卷材防水屋面工程基层与凸出屋面结构（女儿墙、山墙、天窗壁、变形缝、烟囱等）的交接处和基层的转角处，找平层均应做成圆弧形，圆弧半径应符合规范要求。

6）卷材防水在天沟、檐沟与屋面交接处、泛水、阴阳角等部位，应增加防水附加层。附加层经验收合格后，方可进入屋面防水层施工。

7）卷材收头的端部应裁齐，塞入预留凹槽内，用金属压条钉压固定，最大钉距不应大于900mm，并用密封材料嵌填封严。

6.6.3 瓦屋面渗漏

（1）原因分析

瓦材有变形、翘曲、砂眼、裂缝存在，瓦垅未严密封闭，檐口勾头滴水瓦挑出封檐板长度不足。

（2）防治措施

1）盖瓦前，必须严格检查瓦材质量并进行挑选，凡发现有翘曲、裂缝、变形严重或有砂眼的一律剔除不用；盖瓦应采用坐灰法，不得在防水层上钉挂瓦条盖瓦。

2）安装瓦钉和屋面、屋脊配件时必须采用可靠的防渗漏措施（打防水胶）。

3）檐口瓦和防水卷材必须盖过封檐板，檐口勾头滴水瓦挑出封檐板距离不得小于 50mm。

4）盖完盖瓦后，要对每一楞瓦的接口边缘处以麻刀灰（掺颜色）勾缝，并将盖瓦和底瓦间的空隙用麻刀灰填满抹实抹平压光，灰缝应略向内凹。最后，将豁沟（两楞盖瓦间的瓦沟）内的残灰清扫干净。

（3）补救方法

更换有瑕疵、残缺的瓦件，检查渗漏点防水层，如有破损可按卷材气泡处理的方法增加附加层封闭。检查瓦垅并用麻刀灰封闭全部缝隙。

6.6.4 地面铺装板块空鼓

（1）原因分析

铺板前基层有灰渣和杂物，基底和板底未喷水湿润，砂浆含水率过高。

（2）防治措施

1）基层应彻底清除灰渣和杂物，用水冲洗干净并晾干。

2）必须采用干硬性砂浆做结合层，砂浆应充分搅拌均匀。

3）铺结合层砂浆前，先用水泥素浆刷匀，随即铺结合层砂浆，严禁洒干水泥喷水扫浆；并用木抹子抹平，拍实。

4）板块铺贴前，板底应湿润、晾干，定位后，将板块均匀轻击压实。板块铺设完成 24h 后，应洒水养护两次，以保证水泥砂浆水化反应必需的水分，养护期间严禁上人。同时，对空鼓部分板块掀起补浆重铺并进行常规养护。

第 7 章

园林绿化工程

园林绿化工程是建设风景园林绿地的工程。园林绿化是为人们提供一个良好的休息、文化娱乐、亲近大自然、满足人们回归自然愿望的场所，是保护生态环境、改善城市生活环境的重要措施。园林绿化泛指园林城市绿地和风景名胜区中涵盖园林建筑工程在内的环境建设工程，包括园林建筑工程、土方工程、园林筑山工程、园林理水工程、园林铺地工程、绿化工程等，它应用工程技术来表现园林艺术，使地面上的工程构筑物和园林景观融为一体。

7.1 土壤及地质

7.1.1 种植土板结、积水

(1) 现象

在园林绿化苗木种植之前，施工单位除了要将种植区域内的碎石、瓦片、杂草以及建筑垃圾等清理干净外，通常还需要选取种植土回填。种植土的土壤和土质对植物的成活率有着重要的影响，针对园林绿化种植苗木对土壤成分和营养要求进行控制能有效提高苗木的成活率。种植土板结和积水是比较常见的病害，土壤板结是指在灌水或降雨等外因作用下结构破坏、土料分散，而干燥后受内聚力作用使土面变硬的现象，其造成的主要危害有：透水性差，容易导致水很难渗透到根部进而导致植株因缺水而干枯；透气性差，容易导致根部缺氧，进而导致根部腐烂或影响到根部呼吸，进而影响到养分的吸收；导致缺素症，植物缺少某些元素而出现一些营养不良，比如变色、畸形，严重时导致植株死亡等。

（2）原因分析

1）种植区域原有土质呈强黏性，种植区回填土不符合绿化种植土要求，用深层生土或黏土或未经风化的淤泥质黏土回填。

2）种植土回填机械过度碾压，使得原有疏松土壤被压实，失去原有土壤空隙结构，使得水无法排出。

3）雨天施工，土壤和水混合搅拌后无法渗水，在雨期到来土壤中的水来不及及时排出造成积水。

（3）防治措施

1）在园林绿化苗木种植前，施工人员要对该地区的土壤进行全面检测，保证土壤酸碱度满足要求。如果土壤无法满足园林苗木生长需求，要及时改良。同时，土壤疏松度要适中，为苗木的正常扎根提供有利条件。例如原有土质呈较强黏性，应在种植时掺入一定比例的砂土或泥炭土充分拌和后再进行种植；如系回填土，填土深度在 0.8～1.5m 范围内应采用透水性较好、无重金属污染、有一定肥力的疏松壤土，在 1.5m 深度以下应酌填道渣土与普通土混合的垫层，以确保土壤的透水性。

2）土壤回填时，严格按照回填操作规范进行，不过度碾压，同时避免雨天施工。

7.1.2　种植区域局部下沉或滑移、开裂

（1）原因分析

回填土填层过深，每层填土未经碾压。

（2）防治措施

在回填土特别是大面积深度超过 1m 的回填土施工时，应确保每层填土有均匀碾压，回填厚度每层不大于 40cm，如有条件，可在回填土完成后在地表间隔 2～3m 打孔灌水，促使土层下沉并趋于稳定，在雨期也可抢在雨前填土，利用雨水沉实土层。

7.1.3　坡地表土冲刷流失，污染路面、水系

（1）产生原因

种植方案不科学，苗木配置不合理，造成大片表土裸露；坡地无挡水措施。

（2）防治措施

在坡地布置植物时应注意品种选择，平缓坡地可以种植低矮灌木，但必须有足够的密实度；同时，在灌木丛周围要布置过渡性地被（如沿阶草、吉祥草、书带草、石菖蒲等）；在陡坡上一般不应种植灌木，因为灌木丛下必然表土裸露，无法遮盖。陡坡上可大片交叉种植沿阶草、吉祥草、书带草及各种草坪等护土，如需种植乔、灌木的，必须在种植区域靠坡下方向设置挡水设施，如挡土墙、置石假山等，以防止树下表土被冲刷。草坡是防止地表径流冲刷的最经济、最简单的方案，应优先考虑使用。此外，在坡地与道路、水系交接处应设置排水明沟或暗沟，以防雨期地表水流直接冲向路面和水体。

7.2　苗木种植

7.2.1　苗木种植工艺

（1）现象

苗木种植过程中可能会出现一些不符合要求和规范的现象，如树土球所包扎的草绳在入穴前没有处理，树木的根系裸露地表，树穴内未施加营养土、苗木歪斜等。其中，种植树木歪斜是常见也是严重的质量通病，不仅影响植物的成活率，还影响整体景观效果。

（2）原因分析

1）树穴挖掘、种植填土未按规范要求施工。

2）乔木在种植完成后未及时打支撑或支撑设置不合理。

（3）防治措施

1）在挖种植穴时，要以种植定位点为中心，沿四周向下垂直开挖，树穴开挖按要求应比苗木土球直径大 30~40cm，严禁挖“锅形穴”；穴深度一般为穴径的 3/4 左右。苗木安放好后，要分层回填土，一般应分 3~4 层回填，每层用木棍或锄头柄捣实，较大的乔木在回土完成 2/3 时需灌透水，然后回填另 1/3。大批种植苗木时，往往只注重种植而疏忽支撑，等到全部苗木种完后再从头打支撑。这样，就可能因为种植质量、气候条件原因造成苗木歪斜，因此，在种植施工时挖穴、种植、卷杆、支撑应以流水施工方法进行。另外，在苗木种植施工前应对当地的常年风力情况进行调查了解，必要时，应加强迎风面的支撑，以确保支撑能完全抵抗风力的影响。

2）要求施工单位有合理的施工组织设计，严格按施工组织和有关规范要求进行种植并对劳务人员做好技术交底。

3）监理和甲方有关管理人员应加强对施工单位施工质量的监督管理工作。

7.2.2　种植放样走样

（1）现象

现场种植与设计图纸产生偏差，或者在一些自然式种植时，常常做成“排大蒜式”“列兵式”，给种植效果打了很大的折扣，达不到设计意图。

（2）原因分析

1）造成这种情况的主要原因是施工人员难以理解设计意图，施工没有达到设计要求。

2）施工人员在施工前没有踏勘现场，因现场与图纸有差异而造成放样偏差。

3）没有按正确的基准点或基准线或特征进行放样，而造成放样偏差。

(3) 防治措施

1) 施工人员要了解设计意图。全面而详细的技术交底是严格按设计要求进行施工放线的必要条件。一套设计图纸交到施工人员手里，应同时进行技术交底，设计人员应向施工人员详细介绍设计意图，以及施工中应特别注意的事项，使施工人员在施工放线前对整个绿化设计有一个全面的理解。

2) 施工人员在施工前要踏勘现场，确定施工放线的总体区域。必须遵循“由整体到局部，先控制大范围后做细节”的原则，建立施工范围内的控制测量网，放线前要进行现场踏勘，了解放线区域的地形，核对设计图纸与现场的差异，确定放样的方法。

3) 要把种植点放得准确，首先要选择好定点放线的依据，确定好基准点、基准线或特征线，同时要了解测定标高的依据。如果需要把某些地物点作为控制点时，应检查这些点在图纸上的位置与实际位置是否相符；如果不相符，应对图纸位置进行修整；如果不具备这些条件，则须与设计单位研究，确定一些固定的参照物作为定点放线的依据，测定的控制点应以立桩做好标记。

4) 对于主要景点及景观带的放样，应根据树形及造景需要，确定每棵树的具体位置。

7.2.3 灌木种植稀疏

(1) 现象

种植前期，片植的灌木种植较稀疏，出现黄土裸露现象，达不到片植的效果。

(2) 原因分析

1) 设计单位设计时没有严格制订对苗木规格要求的规定。

2) 施工单位采购的苗木，其规格、形状不符合设计要求。

3) 施工单位种植时没有按设计单位要求的每平方米种植株数和苗木本身的特性（如植株高低等）来种植。

（3）防治措施

1）设计单位设计时应详细、严格制订好苗木规格及每平方米种植株数要求的规定。

2）施工单位应严格按设计要求采购苗木，规格、形状需达到设计要求。

3）种植灌木时，植株行距应按设计要求和植株高低、冠丛大小的特性来确定，以种植完成后不露黄土为宜。

7.2.4　苗木规格设计

（1）现象

苗木规格设计每档幅度过大，施工单位往往选择靠下限规格的苗木，或者选择一些树形较差的苗木（如削头处理过的树木），直接影响景观效果。

（2）原因分析

1）设计单位在设计时没有按有关规定控制苗木的合理规格，使施工单位钻空子，选择靠下限规格的苗木，直接影响景观效果。

2）甲方在验收苗木时没有严格控制，致使不符合要求的苗木被使用。

3）施工中苗木变更太多，影响苗木规格和质量的控制。

（3）防治措施

1）设计时按有关规定控制好苗木规格每档的幅度：乔木胸径规格每档变幅范围控制在 2～3cm，乔木冠幅每档变幅范围控制在 50cm 内，对于行道树和一些主要景观树要明确其分枝点的高度；灌木高度与冠幅每档变幅范围控制在 5～10cm；对一些特殊要求的苗木在备注中应具体说明。

2）施工单位需按设计和合同要求提供苗木，以保证景观效果。

3）甲方对苗木规格须在合同中填写清楚，包括形状等具体要求，并在施工时对施工单位提供的苗木严格按设计和合同的要求进行验收。

4）施工中对苗木建议不要有太多的变更，以免影响对苗木规格和质量的控制。

7.3 苗木养护

7.3.1 植物栽植时整株植物叶片萎蔫

（1）现象

苗木在种植时叶片已经产生萎蔫或者苗木种植后，整株植物叶片发生萎蔫现象，如图7-1所示。

图7-1 苗木萎蔫

（2）原因分析

1）苗木从挖掘到种植，这一过程的时间太长，加上施工时缺乏保护措施，造成苗木失水，出现叶片萎蔫。

2）苗木在从挖掘地到种植地的运输过程中，由于温度高、阳光强烈或风速过大，使叶片蒸发量过大，失去水分过多而萎蔫。

3）苗木在起挖过程中，土球包扎不实，运输过程中造成土球松散，使根系失水而造成叶片萎蔫。

4）苗木在挖掘前未经合理地疏枝疏叶，造成根冠比失调、地上部分水分蒸发量过大而叶片萎蔫。

5）苗木种植时，覆土未捣实，根系与土壤不密实，浇水后根系吸收不到足够的水分而造成叶片萎蔫。

6）苗木种植完成后，头遍水没有浇透，使根系失水而造成叶片萎蔫。

（3）防治措施

1）坚持“随挖、随运、随种”的原则，按挖、运、种各个环节的施工规范进行操作，尽量缩短苗木从挖掘到种植这一过程的时间。苗木运到栽植地点后，应及时定植，如定植的条件不成熟时，则应对裸根苗木进行假植或培土，对带土球的苗木应保护好土球，并在土球上覆盖湿润的草包等措施。

2）苗木运输时，尽量选择在阴天、风小、温度适宜的天气，以减少运输过程中水分的蒸发，裸根植物须保持根部湿润。

3）苗木在起挖过程中，土球大小应符合规定的要求，土球的包扎应根据树重、规格、土壤紧密度、运输距离等具体条件来确定，土球包扎必须结实牢固。

4）苗木起挖前后，要进行适度的修剪，使根冠比例协调，保持地上地下的平衡，不使地上部分水分蒸发过多。

5）带土球树木的种植，要将土球放置在坑槽内的填土面上，然后从坑槽边缘向土球四周培土，分层捣实，使根系与土壤密实；培土高度到土球高度的 2/3 时，浇足水，水分渗透后整平，如泥土下沉，在三天内补填种植土，再浇水整平。裸根树木的种植，根据根系的情况，先在坑内填适当厚度的种植土并呈半圆土堆，将根系舒展在坑穴内，周围均匀培土，培土至 1/3 时，应将树木稍向上提或左右摇动，扶正后边培土、边分层捣实，使根系充分接触土壤，然后沿树木坑槽外边缘做围堰，浇足水，以水分不再向下渗透为止。

6）苗木种植后，如气温过高，天气晴朗，易造成失水现象，可采取疏枝疏叶以及搭遮阳篷的方式来减少水分的蒸发，同时应每天1~2次对苗木树冠进行喷雾保湿，并对根部进行浇水，以保证树木对水分的需求。

7）在苗木种植后几天内，如发生整株叶片萎蔫的现象，可能是由于种植时覆土未捣实，因此需重新种植，将树坑的覆土从表层逐层挖出堆于坑侧，挖至土球的2/3处，捣实；再将堆于坑侧的土逐层填培，分层捣实，按上述第5）点操作。

7.3.2 树木在抽枝展叶后，枝叶又萎缩甚至死亡

（1）原因分析

1）苗木种植时，覆土未捣实，根系与土壤不密实，浇水后根系吸收水分不充足。

2）苗木种植后，在抽枝展叶后，浇水养护不及时，使树木失水。

3）在苗木起挖过程中，土球大小不符合规定要求，如过小造成根冠比失衡，使地上部分水分蒸发过多。

4）在苗木起挖过程中，土球包扎不结实，运输过程中造成土球松散，使根系失水。

（2）防治措施

1）在苗木种植过程中，应将覆土分层捣实，使根系与土壤密实，培土高度到土球深度的2/3时，浇足水，水分渗透后整平。

2）苗木种植后，在抽枝展叶后，应及时进行浇水养护，保证苗木生长需要的水分。

3）在苗木起挖过程中，土球规格应符合规定要求，对树形进行适度修剪，使根冠比协调。

4）在苗木起挖过程中，土球包扎要结实牢固。

7.3.3 树木种植后不久出现倾斜

（1）现象

树木种植后出现树木倾斜甚至倒伏，如图7-2所示。

图 7-2　树木倾斜、倒伏

（2）原因分析

1）苗木种植时，覆土未捣实，根系与覆土不密实，风吹后植株出现倾斜。

2）苗木在起挖前后，树冠未经合理修剪，使植株树冠过大，形成头重脚轻的现象，受风吹后易产生倾斜。

3）苗木在种植过程中，种植深度不符合要求，太浅，使根系与土壤不密实，受风吹后易产生倾斜。

（3）防治措施

1）参见 7.3.1 小节（3）防治措施中第 5）点。

2）使用扁担撑、十字撑、三角撑等方法对种植的苗木进行支撑。

3）挖种植穴、槽的大小、深度，应根据苗木根系、土球直径和土壤情况而定，需符合规定。

4）如发生倾斜，应重新种植，并针对倾斜的原因采取相应措施，如树冠较大时应对树冠进行适当的疏枝疏叶、缩小冠幅。

7.3.4　树木伤口腐烂、枝条枯死

（1）现象

树木的主干和骨干枝条的伤口由于不及时保护和修补，经过雨水的侵蚀和病菌的寄生，内部腐烂，不仅影响树体的美观，而且影响树木的正常生长。

（2）原因分析

1）因冬春修剪、机械损伤、人畜损伤、装卸过程中操作不规范、冻害、风害等造成苗木不同程度的损伤，由于不及时保护和修补，经过雨水的侵蚀和病菌的寄生，逐渐腐烂。

2）苗木伤口不及时处理，树木体内水分损失，致使树枝、枝条枯死。

（3）防治措施

1）尽量减少修剪和避免机械损伤及人畜对树木的损伤，出现伤口时要及时涂刷保护剂或蜡，以防止病菌侵入，并清除重病株，以减少病源。

2）枝杆出现伤口或腐烂等情况时，在发病初期，应及时用快刀刮除病部的树皮，深度达到木质部，最好刮到健康部位，刮后用毛刷均匀涂刷75%的酒精或1%~3%的高锰酸钾液，也可涂刷碘酒杀菌消毒，然后涂蜡或保护剂，使伤口早日愈合。

3）有的苗木枝干受吉丁虫、天牛为害留下许多虫孔，并有排泄物，可用快刀把被害处的树皮刮掉，灭绝虫害，并在被刮处涂上相应的杀虫剂和保护剂。

4）捆扎绑吊。对被大风吹裂或折伤较轻的枝干，可把半劈裂枝条吊起或顶起，恢复原状，清理伤口后，用绳或铁丝捆紧或用木板套住捆扎，使裂口密合无缝，外面用塑料薄膜包严，半年后可解绑。

5）树洞修补。当伤口已成树洞时，应及时修补，以防树洞继续扩大，先将洞内腐烂部分彻底清除，去掉洞口边缘的坏死组织，用药消毒，并用水泥和小石料按1∶3的比例混合后填充。对小树洞可用木桩填平或用沥青混以30%的锯末堵塞，也有良好的效果。

7.3.5 苗木烂根死亡

（1）产生原因

种植土排水不畅、浇水过量、浇水时间不恰当。

（2）防治措施

种植土必须保证有一定透水性，否则就必须采用掺砂、换土等方法进行土壤改良，对于特大树移栽，尤其要注意排水的通畅。因为特大树土球较厚，穴深有时要达到1m甚至更深，这就有可能挖到生土层，黏性生土的透水性极差，在浇定根水以后或连续大雨后有可能造成穴底积水，肉眼又看不见这样容易造成烂根。特大树起掘时主根和部分较粗的分根常被切断，虽然有的也涂刷了切口防腐剂，但如果长时间浸水，同样会造成烂根。如发现穴底土透水性差，一定要加深树穴并设置排水滤水层，也可采取穴底预埋集水管抽水的措施。

新种的树苗在第一次浇定根水时一定要浇透，直到水不再下渗为止，以后则以喷叶喷杆为主，待表土发白再浇水（不干不浇、浇则浇透）；冬期浇水应在中午12时前后的4~5个小时，特别要注意的是夏季浇水，必须避开10~14时的时段，在高温季节9~15时期间都不要浇水，因为此时间段土体发烫，会升高水温，烫伤新萌发的根系，造成苗木死亡。

还有一个比较特殊的情况是，种植区域地下水位较高，使得苗木根系长期浸水霉根；如遇这种情况，则应与设计单位取得联系，首先可考虑更换耐水湿的树木品种，其次可采取堆土造丘、抬高种植位置的方法予以解决。

7.3.6　苗木冻伤

（1）产生原因

苗木本身抗寒能力较差；越冬苗木未采取防冻伤措施；局部小气候条件较差。

（2）防治措施

在北方地区，对于从南方或热带地区引入的苗木新品种，应持慎重态度，不要盲目选种。特别是一些棕榈科植物，在本地区及周边城市未取得种植经验时，不要盲目大面积推广种植，避免造成不必要的损失；如在局部小气候条件较好的地段（南向无风、背后有高大建筑物等）种植，也必须采取可靠的保温挡风措施，地面也必须用保温材料（如干草、稻草）覆盖，直到第二年的4月中旬方可撤除。对于夹竹桃、芭蕉、木芙蓉、八仙花（草绣球）等耐寒能力较差但萌发力极强的苗木品种，也可采取短截越冬，待来年重新萌发新枝。如在建筑物之间的狭窄地段种植苗木，则须尽量挑选抗寒能力强、耐荫的品种，必要时可在风口设置风障挡风，待苗木完全恢复生长后撤除。

7.3.7 种植的苗木树皮开裂，影响观赏性

（1）产生原因

树皮开裂有多种原因，有些树种树皮本身有开裂脱落现象（如悬铃木、肉桂、红千层等），但大多数是由人为原因造成的。如在阳光直射的地带种植耐荫性品种，或在移植大树前未对大树原有朝向做明确标记，移栽定植时定位方向与原生地不符。

（2）防治措施

对于树皮本身有开裂脱落现象的树种，可以作为行道树考虑，在观赏性绿地中不一定选用，即使要用，也应尽量布置为背景树成片种植；无论是设计人员或是施工人员，都应对植物的耐酸碱性、耐荫（阳）性有明确的了解，这样，才可避免出现苗木生长萎蔫、树皮开裂等影响观赏的后果发生；对于大树移栽，在移栽前必须在选定的苗木上做好醒目标记，标明树木的朝向，使移栽后的树木和原生地朝向一致，同时还必须卷杆一年以上，卷杆应达到二分枝处。

7.3.8 灌木、草坪斑脱状死亡

（1）产生原因

在种植时未按规范要求捣实、压实种植土，使根系失水死亡；种植土成分混杂，局部土壤有僵块、结块存在。

（2）防治措施

大面积种植灌木时，因种植工人多、种植量大，时间紧迫

而引起求快心理，灌木因成活率较高也容易发生种植时违反规范要求随便用手按实种植土的情况，特别在土质条件不太好的情况下，会形成土体和根系脱离的现象，无论怎样浇水，根系的水分都得不到补充，导致局部片状死亡。因此，在灌木种植前必须强调技术交底工作，使每个工人都能遵循栽一棵、捣实一棵的施工方法。

草坪如采用播种方法，播完后必须在其上覆盖一层细土并轻压，使草种和土体结合紧密，应采用细喷壶做往返式或螺旋式浇水，浇水区域要互压 10cm 左右，防止漏浇、少浇；如采用草块铺设，应注意铺设时草块间隙 1cm 左右，以防复壮后产生缝间起拱现象。铺设完成后，采用边浇水、边拍压的方法使草块和下层种植土紧密结合，水一定要浇透，否则就可能产生草块和种植土分离导致草坪失水死亡。草块缝间还必须用细土或细砂灌缝处理。

对于种植土问题，在乔木和大灌木种植完毕后，要进行全面的精整，将土壤中的石砾、碎砖瓦、硬块僵块全部清除，应确保面层以下 30cm 左右的土层均匀疏松。

7.3.9　苗木部分死亡，形成半边树或半截树

（1）产生原因

种植前修剪量不足，使得营养供不上；泥球局部破裂，使得部分根系被破坏。

（2）防治措施

苗木起掘后要先进行第一轮修剪，修剪量控制在总修剪量 1/3 以内，主要是修去重叠枝、枯枝、内膛枝和徒长枝；苗木到现场后如无法立即种植的，要进行假植，并进行第二轮修剪，以减少水分的蒸腾，修剪控制量与起掘时间；苗木种植后，应进行整形修剪，修剪量视树种的不同应分别对待。在带土球苗木种植过程中，常常会发生泥球破碎的情况。一般来说，泥球破碎会直接影响树木的成活率。为提高苗木成活率，在发现泥

球开裂破碎时，要立即用稠泥浆灌浆，对大苗还要用木板箱加固保护；定植时，可暂不剪除腰箍；底绳剪断后也不必抽出，防止碎球部分扩大，影响成活率。

7.4 草坪

7.4.1 草坪工程草坪中杂草多

（1）现象

草皮在生长过程中，出现一些杂草且生长速度较快，逐渐在草坪中占有一席之地，影响正常草皮的生长。

（2）原因分析

1）在铺设草皮时，所铺设的草皮中杂草含量较大，超过规定值。

2）草皮在生长过程中，没有及时清除杂草，而杂草的生存能力强于栽培草，其生长速度较快，逐渐影响正常草皮的生长。

（3）防治措施

1）铺设草皮前，应选择杂草含量较少的草皮进行铺设。

2）新建草坪铺设前，针对不同草皮品种选用适当的化学除草剂进行喷施除去杂草。

3）在草坪养护过程中，应及时清除杂草，可选择化学除草剂进行喷施或人工除草。

4）喷施农药时应在杂草对药剂最敏感的生长阶段、最适宜的温度及晴天进行，喷药时应按药剂的使用说明进行操作。

7.4.2 草坪表面不平整，雨后有积水

（1）现象

雨后在草坪局部区域有积水现象。

（2）原因分析

1）草皮铺设前，铺设区域内的土壤未进行翻土、清理垃

圾，表层土没有做好细平整、凹凸不平，铺设后形成一些低洼地，雨后或浇水后易造成积水。

2）籽播草坪在播籽后或植生带草皮在铺设后未进行有效的滚压，某些区域出现低洼地，雨后或浇水后易造成积水。

（3）防治措施

1）草皮铺设前，应对铺设区域内的土壤进行翻土，深度不得小于 20cm，应把土壤中的混杂物，如杂草根、碎石块、碎砖等清除干净，将大于 5cm 块径的土块敲碎，表层土做到细平整，并有 3%~10%的排水坡度。

2）籽播草坪在播籽后，应覆 0.5~1.0cm 的优质疏松土，并进行滚压、浇水，在草出土前必须保持湿润，视天气条件进行浇水。

3）植生带草皮在铺设后应充分浇水、滚压，在新根扎实前不可践踏，避免出现坑洼地而造成积水。

7.4.3　草坪的黄化现象

（1）现象

草皮生长过程中常会发生草坪局部或大面积黄化现象。

（2）原因分析

黄化现象的原因大体上分为生理病害及病虫害两大类。

1）缺乏形成叶绿素必要的养分，如铁、镁、铜、锰、硫等元素，其中缺铁是主要原因。

2）吸收养分不平衡，致使发生黄化现象。例如，施氮肥时不均匀，有的草坪因氮肥过量而发生黄化，钾肥用量太多，妨碍其他盐类的吸收，也影响铁的吸收。

3）光照不足，妨碍光合作用。梅雨季节光照不足，会妨碍光合作用，使草根的机能减退，特别是施肥过少的草坪，会影响草皮积累碳水化合物，氮素代谢受到阻碍，导致草皮黄化。

4）低矮或枯草层过厚或生长季节未及时修剪，通常会导致草皮黄化。

5）由于土壤板结，透气性差，阻碍了草的根系呼吸，造成草皮黄化。

6）由于排水不畅，地面积水，土壤过于潮湿而导致草皮黄化。

7）由于病原菌、线虫、甲虫等为害，草根的机能衰退而吸收铁的能力受阻，造成草皮地上部分发生黄化现象。

（3）防治措施

1）对症下药施用微量元素，保证草坪正常生长所需要的微量元素。

2）土壤 pH 值应保持在 5.3~6.3 的范围内，偏酸或偏碱时可施用化学药剂或化肥进行调整。

3）采取施肥、灌溉等养护管理措施，使草皮根系和茎健壮生长。

4）及时清理枯草层，并在草皮生长季节保证正常的修剪，以促使草皮正常生长。

5）勿使土壤板结，保证地表以下 30cm 内土层的透气性良好。

6）改善排水系统、保持良好的排水性，避免产生积水现象。

7）及时使用杀菌剂、杀虫剂预防病虫害。

7.4.4 草坪局部积水腐烂

（1）现象

整地时出现积水凹坡如图 7-3 所示。这是由于大面积回填土未经分层压实或灌水沉实，局部松土遇水下沉，或者平坦地面铺草，雨期排水困难，又未设排水明沟或暗沟造成。

（2）防治措施

草坪最怕积水，在竖向设计时必须注意草坪的排水问题。一般在大面积草坪铺设范围不允许有下陷凹坡存在，如因实际需要或地形本身限制无法避免出现下陷凹坡，则必须在凹坡下

图 7-3　草坪积水

设置足够的排水暗沟并与通畅的城市排水系统相连接，确保排水通畅。

在园路的两侧，必须设置排水明沟或暗沟，以避免路边草坪浸水腐烂；在大面积回填土施工时，必须加强回填土压实的检查工作，一旦发现局部回填土下沉积水，就只能补土回填，重新种草了。此外，还有一种情况就是在大面积平坦的地面铺种草坪，这在暴雨季节极易大面积积水，造成草坪成片腐烂死亡。为避免这种现象的发生，目前最为有效并逐渐被采用的方法就是在地面以下 30～50cm 处设置鱼骨状排水暗渠，将短时间积聚的地表水和上升的地下水通过暗渠迅速排往排水干管中，由于排水暗渠可利用一些建筑废料和道砟等廉价材料制作，增加费用不多，但效果明显，所以越来越多地被运用在园林施工中。

附录 A

硬质景观的标准化做法和细部处理

硬质景观关键词有缝（留缝宽度、对缝）、切割块（排版、精准）、异型加工（工厂加工、毛料进现场）、收口（协调、自然）、材料（分级采购）、植物（群落配置、重塑自然）等。

1. 道路铺装细部处理注意点

（1）人行道：人行道铺装与收边或侧石的接口处要拼接。

（2）人行道铺装与收边或侧石的接口处要拼接缜密。

（3）水洗石人行道与草皮间设置收边材料，保证水洗石面层的边界位置的整体性。

（4）无收边的铺装边线必须严格控制线条挺直，并且保证绿化种植土低于铺装面层 2～3cm，防止泥水对铺装面层的污染。

（5）在沥青铺设前应对平石收边的外口进行仔细切齐处理，以保证沥青铺设后接口处的顺直，并且保证沥青完成面与平石的标高一致。

（6）若侧石与平石是错缝排列的，则拼缝必须始终保持居中错缝。

（7）雨水盖板的位置设置也必须要与侧平石排版模式一致，且盖板的摆放不能影响沥青面层的整体性。

2. 广场铺装细部处理注意点

（1）铺装面层上的各类井盖在处理时应提前与铺装排版模式进行核对，确保不破坏整体铺装效果。

（2）铺装前需对铺装模式和尺寸规格进行提前排版，保证铺装收边的最佳效果。

（3）烧结普通砖铺地在确定铺设模式时，需与烧结普通砖规格统一考虑，确保铺设时效果最佳。

（4）勾缝前对于缝内的垃圾必须进行清理，铺装留缝宽度与勾缝的深度必须严格控制一致，并要保证勾缝饱满，如图 A-1 所示。

图 A-1　勾缝饱满

（5）对于密缝铺贴的广场来说，关键的控制点就在于每块石材在切割时必须严格控制石材的尺寸和边线的齐整度，如图 A-2 所示。

图 A-2　密缝铺贴的广场

3. 挡墙铺贴的细部处理注意点

（1）景墙压顶在拼接时必须要求所有单块压顶石材尺寸一致，并且在拼接时要保证脊线的挺直和边界线的顺直，同时要保证每块压顶石材标高的一致，如图 A-3 所示。

图 A-3　脊线挺直，边界线顺直

（2）为保证石材贴面不返碱，建议最好采用留缝打胶的方式进行石材拼接，并且要保证打胶的饱满度，确保雨水不会进入基层。

（3）景墙贴面材料在转角时必须精细施工，面砖文化砖需使用转角砖，石材需对边角进行 45°磨角拼接。

4. 不同材质交接部位的细部处理注意点

（1）涂料面层与石材贴面相交时可增加一线条，将两种不同的材质在线条两侧的阴角里进行收头处理。

（2）根据设计要求当栏杆、柱体等延伸进入墙体及地面时，在接口部位必须处理仔细并打胶收口，如图 A-4 所示。

（3）楼梯踏步或平面铺装遇立面墙时可采用打胶的方式对接缝处进行处理，这样可以防止雨水和灰尘的污染，尤其当立面材料是涂料或文化砖时，可以解决收口不齐、污染踏步石材的问题，如图 A-5 所示。

（4）平面铺装遇立面墙时，铺装与立面墙交接部位的留缝不应大于 5mm，并进行打胶收口，如图 A-6 所示。

图 A-4　栏杆深入墙体打胶收口

图 A-5　楼梯踏步遇立面墙打胶收口

5. 施工顺序的衔接处理注意点

（1）由于施工过程中各工种之间的前后施工顺序没有衔接好，导致各工种之间交叉污染的情况相当严重，如图 A-7 所示，此处灯具面罩的安装应在涂料面层施工完毕并充分干透后进行。

图 A-6　地板铺装遇立面墙打胶收口

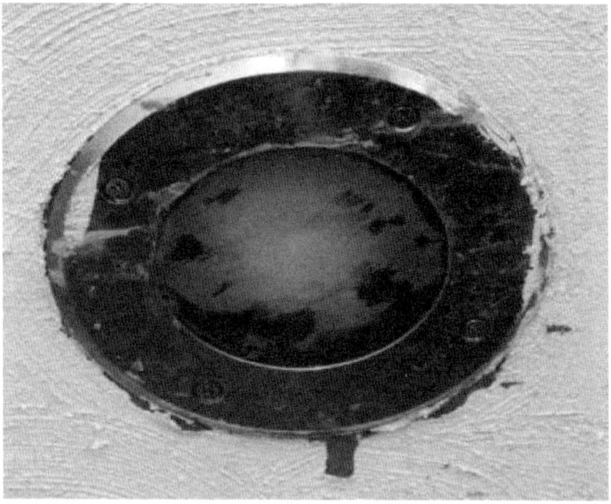

图 A-7　灯具安装

（2）连接室内外的门窗下口在进行铺装施工前须对基层进行防水处理。

（3）在游泳池压顶施工前须对基层标高反复核算，保证压顶施工完毕后与水平面的间距一致，如图 A-8 所示。

图 A-8　游泳池压顶施工

6. 弧形铺装的细部处理注意点

（1）圆形压顶的石材拼接需按圆周长均分，且所有拼缝需指向内圆心。

（2）侧石在铺设中遇到圆弧线条时需按照转弯半径均分石材，并定制成品弧形材料进行拼接，保证平侧石拼缝排版一致，如图 A-9 所示。

图 A-9　弧形侧石拼接

7. 楼梯踏步铺装的细部处理注意点

（1）楼梯踏步的侧面如果没有设置栏杆底座，则扶手立管需设置在每格楼梯居中的位置或在每格踏步中间均分；如果设置了栏杆底座，则踏步撞至底座的部位需打胶以防止渗水、积灰。

（2）每格楼梯踏步的间距及高度需一致。

（3）踏步的侧面线条样式需与正面一致。

（4）根据具体情况为满足踏步收头的完整性，对于楼梯踏步的间距及尺寸可进行适当的微调。

（5）楼梯扶手的放坡与踏步的放坡坡度必须保持一致。

（6）多层楼梯踏步转角的拼缝必须保持上下一致。

8. 其他部位的硬质景观细部处理注意点

（1）对于施工中的破损石材的修复工作必须严格按照工艺要求进行。若实在无法修补，则只能采取更换的办法或改变表面处理方式来解决。

（2）道路铺装中不能出现有可能引发危险的尖角、锐角等凸出物。

附录 B

竣工验收、交接及成品保护

竣工验收、交接及成品保护是工程施工内容的一项重要组成部分。将工程交给使用单位或代表单位这是交接。一项工程无论规模大小，完成后都要交给使用单位，使用单位根据施工单位或建设单位提供的资料及现场实际情况进行接收。每一项工程都有它的开始与结束，有的分部、分项工程更早地结束施工，但在整个单位工程中只是其中一部分，在竣工验收前一直到验收乃至验收后对所完工程的看护，叫成品保护。一件成品得不到好的看护将是一大损失。

在这里没有对市政相关工程竣工验收进行叙述，这些相关工程包括园林土方工程、园林管线工程（给水、排水、污水处理等）、园林道路工程，园林电气工程等，在市政工程领域有它自己更完整的质量评定标准并在不断地更新，请参阅相关规范。

单项工程、分部工程、单位工程在施工完毕后须邀请建设单位、设计单位、监理单位、接收单位等相关部门，对已完工程进行验收，验收包括内业、外业。

工程验收后对有缺陷部位进行处理或整改，并将处理结果上报相关部门。

园林绿化工程竣工验收及交接是为了规范园林绿化工程验收程序，确保园林绿化质量得以严格控制。园林绿化工程交接、验收的依据一般为合同或《园林绿化工程施工及验收规范》CJJ 82—2012 等有关规定。园林绿化工程交接、验收的适用范围针对各项目管理区域红线范围内的绿化工程（包括树木、花卉、绿化地、盆栽等）。

1. 园林绿化工程交接、验收的程序

（1）园林绿化工程交接、验收的准备

工程竣工验收前，施工单位应于一周（时间以现场实际为准）前向接管验收单位提供下列文件：

1）土壤及水质化验报告；

2）工程中间验收记录；

3）设计变更文件；

4）竣工图和工程决算；

5）外地购进苗木检验报告；

6）附属设施用材合格证或试验报告；

7）施工总结报告。

质量验收程序和管理组织为：

1）检验批及分项工程应由建设单位项目技术负责人组织施工单位、物业公司进行验收。

2）分部工程应由建设单位项目负责人组织施工单位项目负责人和技术、质量负责人，物业公司进行验收；地基与基础、主体结构分部工程的勘察、设计单位工程项目负责人和施工单位技术、质量部门负责人也应参加相关分部工程验收。

3）单位工程完工后，施工单位应自行组织有关人员进行检验评定，并向建设单位提交工程验收报告。

4）建设单位收到工程验收报告后，应由建设单位（项目）负责人组织施工（含分包单位）、设计、监理等单位（项目）负责人、物业公司进行单位（子单位）工程验收。

5）单位工程由分包单位施工时，分包单位对所承包的工程项目应按标准规定的程序检查评定，总包单位应派人参加。分包工程完成后，应将工程有关资料交总包单位。

6）当参加验收各方对工程质量验收意见不一致时，可请市级园林绿化质量监督站协调处理。

7）单位工程质量验收合格后，建设单位应在规定时间（15个工作日）内将工程竣工验收报告和有关文件，报市政园林局备案。

（2）园林绿化工程接管验收的标准

1）乔、灌木的成活率应达到95%以上，珍贵树种和孤植树应保证成活。

2）强酸性土、强碱性土及干旱地区，各类树木成活率不应低于85%。

3）花卉种植地应无杂草、无枯黄，各种花卉生长茂盛，种植成活率应达到95%。

4）草坪无杂草、无枯黄，种植覆盖应达到95%。

5）绿地整洁，表面平整。

6）种植的植物材料的整形修剪应符合设计要求。

7）绿地附属设施工程的质量验收应符合设计要求。

2. 承接验收过程中的注意事项

（1）苗木种植种类、数量、位置是否与图纸相符；

（2）苗木规格是否符合设计要求；

（3）苗木生长情况及保护措施是否符合要求；

（4）施工场地是否按要求清理干净；

（5）所有绿化植物是否确实种植完毕，符合设计要求。

3. 园林绿化工程接管验收记录表

竣工验收后，填报竣工验收单，表中百分比均按绿化总面积及树木总量分计。

园林绿化工程竣工后验收接管是件大事，有时会被施工单位所忽略，认为建设单位、相关接收单位（如物业公司）没有提出，自己提出是否多此一举。竣工后无论相关部门态度如何，施工单位一定按照合同内容、实际完成情况进行清点验收，并向建设单位汇报，同时也给自己总结、品评。

4. 成品保护

很多施工完的工程被各种原因（有些是有意的、有些是无意的）破坏，如步道板上车、边石被撞歪、绿化植被遭遇踩踏、道路没有达到养生期就通车等，要想恢复其原来面貌都要“破费”，包括人工费、机械费、材料费等，这在无形中增加了工程成本。所以，加强成品保护已成“当务之急”。

加强成品保护的措施通常有：

（1）增加警示标志；

（2）加强管理，落实奖惩制度；

（3）加强植物养护。

参考文献

［1］张柏．图解园林景观造景工程［M］．北京：化学工业出版社，2017.

［2］深圳市城市管理局等．园林绿化工程质量通病防治指南［M］．北京：中国林业出版社，2016.

［3］魏婷婷．园林景观水景施工技术探研——以沿海地区项目为例［J］．现代园艺，2020，43（17）：200-201.

［4］余鹏钊．浅析风景园林水景工程施工技术［J］．低碳世界，2016（16）：153-154.

［5］黄兆升．探析园林绿化中苗木种植施工与养护技术［J］．花卉，2020（6）：67-68.

［6］唐小敏，徐克艰等．绿化工程［M］．北京：中国建筑工业出版社，2008.

［7］李宁洁．园林照明及配套电气设计［J］．中国高新技术企业，2009（9）：56-57.

［8］龙晓兵．园林小品建筑的种类与用途分析［J］．花卉，2019（10）：30-31.